# Jan Reichl

# Neues Wissen: Die Welt ist aufgebaut aus ganzen Zahlen

## 2014

Neues Wissen: Die Welt ist aufgebaut
aus ganzen Zahlen

© Jan Reichl 2014

Anschrift:
Florentinerstrasse 20/2071
D-70619 Stuttgart

janreichl@augustinum.net

Das Buch ist erhältlich als E-Buch und als
gedrucktes Buch, auch in englischer Sprache:

**New Knowledge: The World is composed of
whole numbers**

Herstellung und Verlag:
BoD - Books on Demand, Norderstedt

ISBN 978-3-7322-8437-5

Der Autor Jan Reichl ist am 8. September 1931 in Martin,
in der Slowakei geboren. Sein Studium beendete er an der
Landwirtschaftlichen Universität in Brno (Brünn). An der
University of California in Davis und an der Universität
Hohenheim in Stuttgart erarbeitete er Modelle für den
Stoffwechsel. In Jahren 1979 - 1995 war er Professor an
der Universität Hohenheim. Die Methode der zehn Schritte,
die er entwickelte, verbindet breite Zusammenhänge der
Geist- und Natur- Prozesse in eine Einheit. Der geistige
Inhalt der zehn Zahlen definiert die Prozesse. Zahlen, die
geometrische Figur bilden, definieren Leistungsdreiecke.

Der geistige Inhalt der Zahlen schließt auch zehn Synonyme
für Gott ein. Von den Synonymen könnte man alles ableiten,
die Synonyme dienen auch als Unterlage für das Gesund
Halten mit Gedanken. Der Mensch als geistiges Wesen ist
permanent gesund. Das kann jeder Mensch für sich selbst
programmieren. Auch permanente geistige Liebe kann man
programmieren, wenn jeder Mensch als gut gesehen wird.
Dann kann man sich entspannen und alles von oben sehen.

# Die  Welt ist aus ganzen Zahlen aufgebaut

**Pythagoras ( 572-497 v.Chr.)** - Die Entdeckung
rationaler Zahlenverhältnisse in der Natur führte
ihn zu der Lehre, daß das Wesen der Wirklichkeit
die Zahl sei. In Musik ist bekannt sein Satz: Je
kürzer die Länge der Saite, so höher ist der Ton.

**Kepler (1571-1630)** - Das Weltall ist gefüllt von
Harmonien, aber harmonisch klingen sie nur dann
wenn zwei Töne genauen Winkel geometrischer
Figur bilden. Er verglich Musikintervalle mit Aspekten
der Planeten:

| | | | |
|---|---|---|---|
| 1/2=0.5 Oktave | C-C | Konjunktion | 360=360/1 |
| 2/3=0.67 Kvinte | C-G | Opposition | 180=360/2 |
| 3/4=0.75 Quarte | C-F | Trigon | 120=360/3 |
| 4/5=0.8 Terz | C-E | Quadrat | 90=360/4 |

## Intervalle:  Grundton  /  einzelner Ton (Y)

| | Hz | Saite C<br>C/Y | Saite D<br>D/Y | Saite G<br>G/Y |
|---|---|---|---|---|
| C´ | 262 | 1 | | |
| Db | 277 | 16/17 | | |
| D | 294 | 8/9 | 1 | |
| Eb | 311 | 5/6 | 16/17 | |
| E | 330 | 4/5 | 5/6 | |
| Gb | 370 | 2.4/3.4 | 4/5 | |
| G | 392 | 2/3 | 3/4 | 1 |
| Ab | 415 | 1.7/2.7 | | 16/17 |
| A | 440 | 1.5/2.5 | | 8/9 |
| Bb | 466 | 1.3/2,3 | | 5/6 |
| B=H | 494 | 1.1/2.1 | | 4/5 |
| C´´ | 523 | 1/2 | | 4/4 |

**Nicht alle Verhältnisse der Töne sind ganze Zahlen. Das ist
der Grund, warum ein Musikinstrument hat mehrere Saiten.**

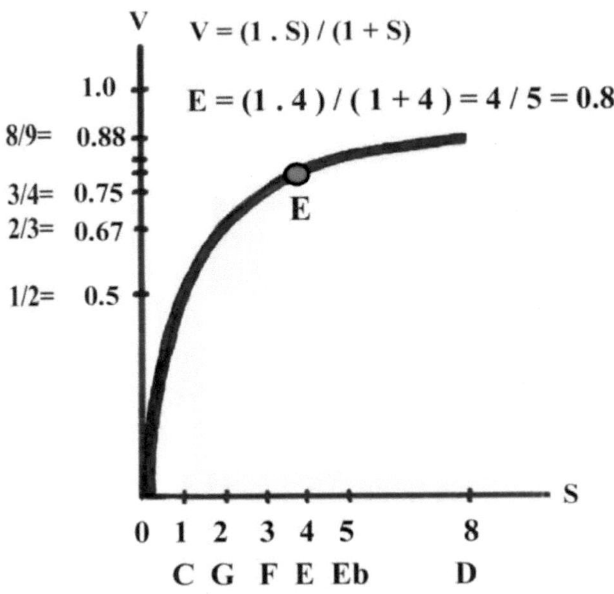


Nicht alle Verhältnisse zwischen den Tönen sind ganze Zahlen. In der Parabel sind alle Verhältnisse durch ganze Zahlen bestimmt:

Neben der Abbildung ist die Parabel Formel für Ton E angegeben.

$$0.1 / 0.2 = 0.5 \quad = 1/2$$
$$0.2 / 0.3 = 0.667 = 2/3$$
$$0.3 / 0.4 = 0.75 \quad = 3/4$$
$$0.4 / 0.5 = 0.8 \quad = 4/5$$
$$0.5 / 0.6 = 0.833 = 5/6$$
$$0.6 / 0.7 = 0.857 = 6/7$$

Teilung des Kreises 360° mit Zahl 5 (36, 72 ...) und Zahl 6 (30, 60 ...) Ist komplementär:

$$36/360 = 0.1 = \quad 30/300 = 1/10$$
$$72/360 = 0.2 = \quad 60/300 = 1/5$$

# Geistiger Inhalt der ersten zehn Zahlen

**Agrippa von Nettesheim (1486-1535)** definierte folgenden
Inhalt der zehn Zahlen: **1**-Ursprung, **2**-Verbindung und
Teilung, **3**-Dreieck oder Weisheit, **4**-Festigkeit und Dauer,
**5**-Gerechtigkeit, **6**-Aufbau und Arbeit, **7**-Leben, **8**-Bilanz,
**9**-Tätigkeit, **10**-Ganzheit. Die Zahlen die größer als 10
sind, kann man durch **Quersummen** reduzieren:

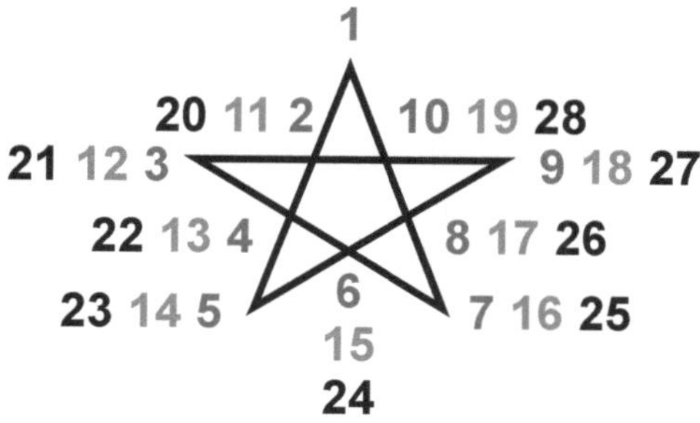


**Beispiel: Die Quersumme**
**von 20 oder 11 ist 2**
**von 17 oder 26 ist 8**

D-07.

# Neue Definition der zehn Zahlen (Reichl, 2006, 2011)

| | | | | |
|---|---|---|---|---|
| 1 | Identität | Prinzip | Bewußtsein | Gemüt |
| 2 | Realisation | Funktion | Intuition | Geist |
| 3 | Bedingungen | Faktoren | Denken | Seele |
| 4 | Abgrenzung | Objekte | Materie | Person |
| 5 | Abbau | Kampf | Regeneration | Leben |
| 6 | Aufbau | Leistung | Regulation | Wahrheit |
| 7 | Wende | Loslassen | Umwelt | Liebe |
| 8 | Gleichgewicht | Harmonie | Bilanz | Schutz |
| 9 | Schöpfung | Bewegung | Technik | Weisheit |
| 0 | Verbindung | Einheit | Organisation | Ganzheit |

In dieser Reihenfolge laufen alle Prozesse ab. Drei Zahlen können Leistungsdreiecke bilden.

Mit den Begriffen in erster Spalte werden alle Prozesse beschrieben. In der letzten Spalte sind die zehn Synonyme für Gott aufgeführt.

Wir beginnen mit dem Zehn Schritt Modell der Liebe. Dann werden vier Beispiele der Zehn Schritt Methode gezeigt und mit der Definition der Zehn Synonyme für Gott wird das Gesund Halten mit Gedanken beschrieben.

# Zehn-Schritt-Modell der Liebe

1. Identität
   **Die universelle Liebe ist unabhängig von den Menschen**
2. Realisation
   **Die universelle Liebe wird empfangen und weiter gegeben**
3. Bedingungen
   **Liebe zu Menschen, zu Sachen, zu Werten**
4. Abgrenzung
   **Einen Menschen lieben ist abgegrenzte Liebe**
5. Abbau
   **Abgegrenzte Liebe verlangt Treue, weckt Eifersucht**
6. Aufbau
   **Es werden Regeln des Zusammenlebens aufgebaut**
7. Wende
   **Mit Erheben über die Probleme wird wieder die universelle Liebe empfangen**
8. Gleichgewicht
   **Liebe wird auch anderen Menschen gegeben**
9. Schöpfung
   **Es werden Methoden des Helfen entwickelt**
0. Ganzheit
   **Schließe alle Menschen in die Liebe ein**

## System Skilaufen

1. Identität, Prinzip:           **Skiläufer, Ski**
2. Realisation, Funktion:        **Bergab Bewegung**
3. Bedingungen, Faktoren:        **Auf Berg reagieren**
4. Abgrenzung, Objekt:           **Ein Skilaufsstil wählen**
5. Abbau, Verbesserung:          **Abbau falscher Bewegungen**
6. Aufbau, Leistung:             **Wettbewerb mit Hindernissen**
7. Wende, Umwelt:                **Freie Bewegung im Terrain**
8. Gleichewicht, Bilanz:         **Bilanz der Ergebnisse**
9. Schöpfung, Technik:           **Entwicklung von Strategien**
0. Ganzheit, Verbindung:         **Vorbereitung auf neuen Start**

## Geschäftsentscheidungen

1. Identität:        **Erkennen des Problems**
2. Realisation:      **Sammeln von Angaben**
3. Bedingungen:      **Alternative Lösungen**
4. Abgrenzung:       **Auswahl einer Alternative**
5. Abbau:            **Entwicklungsprozess**
6. Aufbau:           **Testen des Produkts**
7. Wende:            **Definitive Lösung**
8. Gleichgewicht:    **Verkaufsmöglichkeiten**
9. Schöpfung:        **Neue Verkaufsstrategie**
0. Ganzheit:         **Neuer Anfang**

# Gründung einer Gemeinschaft

**0.** Anfang  **Gedanken über Gemeinschaft-Gründung**
**1.** Identität  **Definition gemeinsamer Sprache**
**2.** Realisation  **Vermehrung der Mitglieder**
**3.** Bedingungen  **Besetzen eines Territoriums**
**4.** Abgrenzung  **Markierung der Grenzen**
**5.** Abbau  **Kampf um Vergrößerung des Territoriums**
**6.** Aufbau  **Aufbau neuer Siedlungen**
**7.** Wende  **Änderung der Gemeinschaftsstruktur**
**8.** Gleichgewicht  **Bilanz der Kräfte in Gemeinschaft**
**9.** Schöpfung  **Entwicklug neuer Strategien**
**0.** Ganzheit  **Anfang eines neuen Zyklus**

Die Oberfläche von **Computersoftware**

wird größer **in Abhängigkeit von ...**

**1.** Anzahl der Namen auf der Oberfläche  **(Identität)**
**2.** Zusammenhängen zwischen den Namen **(Realisation)**
**3.** Reihenfolgen der Operationen  **(Bedingungen)**
**4.** Beziehungen zwischen den Domänen  **(Abgrenzung)**
**5.** Verantwortung die Objekte zu Löschen  **(Abbau)**
**6.** Konkurrenz der Prozesse  **(Leistung)**
**7.** Einfachheit der Bedienung  **(Umwelt)**
**8.** Bewertung der Verkäufe  **(Gleichgewicht)**
**9.** Verbesserung der Software  **(Strategie)**
**0.** Ablage der Informationen  **(Ganzheit)**

# Zehn Synonymen für Gott

In der letzten Spalte auf Seite 8 sind die Synonyme für Gott aufgeführt. Daraus folgt, das von den Synonymen könnte man alles ableiten, auch das Gesund Halten mit Gedanken

1. **Gemüt - Identität, Prinzip**
   2.Mose 3:14 Ich bin der ICH BIN
   Joh.1:1 Am Anfang war das Wort und das Wort war Gott
2. **Geist - Realisation, Intuition**
   1.Ko. 3:16 ...dass der Geist Gottes in euch wohnt ...
3. **Seele - Bedingungen, Denken**
   App. 4:32 Die Menge war ein Herz und eine Seele
4. **Person - Abgrenzung, Körper**
   Matt. 6:9 Unser Vater in dem Himmel
5. **Leben - Abbau, Regeneration**
   Joh. 14:6 Ich bin der Weg, die Wahrheit und das Leben
6. **Wahrheit - Aufbau, Regulation**
   1.Joh. 5:6 Der Geist ist die Wahrheit
7. **Liebe - Wende, Loslassen**
   1.Joh. 4:16 Gott ist die Liebe
8. **Schutz - Gleichgewicht, Existenz**
   Jes 14:14 Ich will gleich sein dem Allerhöchsten
9. **Weisheit - Schöpfung, Strategie**
   Jak 3:17 Die Weisheit aber von oben her ist
10. **Ganzheit - Einheit, Verbindung**
    1 Ko 12:6 Es ist ein Gott, der da wirket alles in allen

## Mensch realisiert sich selbst in folgenden Schritten

### Schritte 1-2-3

In ersten drei Schritten sammelt der Mensch Kenntnisse über sich selbst, sucht eigenen Tätigkeitsraum und lern mit den Dingen umzugehen.

**1. Identität, Prinzip, Gemüt.** Die Substanz von allem ist geistig. In ersten Schritt sind alle Menschen perfekt, gut und gesund und können sich entwickeln in jede Richtung.

**2. Realisation, Intuition, Geist.** Der zweite Schritt ist die Entscheidung, welchen Weg soll man nehmen. Mit Intuition kann man prüfen, ob der Weg richtig ist.

**3. Bedingungen, Denken, Seele.** Seele ist Membran zwischen Geist und Körper. In Grenzsituationen werden Schmerz, Freude und Leid bewusst.

### Schritte 4-5-6

In diesen drei Schritten entwickelt der Mensch seine Persönlichkeit und identifiziert sich mit seinen Körper. Bemüht sich, wenn nötig, auch mit Kampf durchzusetzen.

**4. Abgrenzung, Körper, Person.** Auf dem vierten Schritt Mensch grenzt sich von anderen Menschen ab und entwickelt eigenen Stil des Verhaltens.

**5. Abbau, Entwicklung, Leben.** Durch Abbau alter und Aufbau neuer Abgrenzungen entwickelt sich der Mensch.

**6. Aufbau, Leistung, Wahrheit.** Wahrheit ist ein Regulator auf dem schmalen Weg zum Ziel. Der Mensch bemüht sich bestimmte Regeln zu befolgen.

**Schritte 7-8-9**
In diesen Schritten der Mensch sieht alles, auch sich selbst
von oben und ist fähig alles mit Übersicht zu regeln.

**7. Wende, Loslassen, Liebe.** Durch Loslassen und Erheben
über die Probleme, Mensch öffnet sich der universellen
Liebe, die er empfängt und gibt weiter.

**8. Gleichgewicht, Bilanz, Schutz.** Das nehmen und geben,
und auch die Gesundheit kann man programmieren.

**9. Schöpfung, Strategie, Weisheit.** Der Mensch entwickelt
Methoden und Strategien für seine Aktivität und Bewegung.

**Schritt 10 ist die Ganzheit.** Mit Integration der Kenntnisse
in Ganzheit, ein Zyklus ist abgeschlossen und ein neuer
Zyklus fängt an.

Nach dem Abschluss sollte der Mensch wissen, was ihm in
seiner Entwicklung fest gehalten hat. Fast alle Probleme
anfangen auf dem Schritt vier an, wenn sich der Mensch
abgrenzt. Es wirkt sich auf den körperlichen Problemen,
aber auch die Bindung auf selbst aufgebaute Pflichten und
Vorschriften kann Probleme machen. Man sollte lernen sich
über alles erheben, weil nur so wird die universelle Liebe
empfangen. Der Satz "Liebe Deinen nächsten wie Dich
selbst" ist falsch formuliert. Die universelle Liebe wird
empfangen und mit Lächeln und Helfen weiter gegeben.
Auch wenn Gott wird nur als Person, nicht als universelles
Wesen gesehen, schaft es Probleme. Die zehn Schritte des
Gesund Halten mit Gedanken werden ausführlich betrachtet.

# 1. Identität   -  Ich bin der ich bin - Gemüt

Auf der geistigen Ebene sind alle Menschen permanent gesund. Krankheit ist Abwesenheit von Vollkommenheit. Das Gute schließt den Übel aus, wenn es ganzen Raum erfüllt. Durch das Licht verschwindet die Dunkelheit.

Ein von Menschen gemachtes Gerät funktioniert und man kann es reparieren nur deswegen, weil ein Projekt in dem es beschrieben wurde, geistig existiert.

Wenn Jesus sagte, stehe auf, du bist gesund, realisierte er das Prinzip, das Mensch als geistiges Wesen ist permanent gesund.

Im ersten Schritt wenden wir uns an Gott an. Wir beten nicht Gott als Person an, sondern als Prinzip, der sich in zehn Synonymen ofenbart. Mit ersten Satz von Gebet "Vater unser" melden wir uns bei Gott an, mit zweiten Satz "Dein Reich komme" öffnen wir uns Gottes Wirkung und mit Satz "Dein Wille geschehe" verlassen wir uns an Seine Wirkung. Es ist nicht nötig, alle Wünsche zu sprechen. Wenn ich mich vertiefe und auf innere Stimme höre, weiß ich im jeden Augenblick, was ich tun soll.

Wenn Teile des Körpers nicht funktionieren, bedeutet es nicht, dass der Mensch krank ist. Es bedeutet nur das etwas nicht funktioniert. Man soll nicht das Prinzip, dass der Mensch permanent gesund ist, deaktivieren.

Das Instrument im Schritt eins: Das Wissen.

# 2. Realisation  -  Verbreitung, Intuition - Geist

Mensch entscheidet sich für ein Weg, mit Intuition prüft er ob der Weg richtig ist. Außersinnliche und sinnliche Wahrnehmung sind wie zwei verbundene Gefäße. Wenn ist Wahrnehmung mit Sinnen unterdrückt, kann man das wahrnehmen, was die Sinne nicht wahrnehmen können.

Ein natürlicher Übergang von der außersinnlichen zu sinnlichen Wahrnehmung ist beim Aufwachen. Wenn vor dem Einschlafen alle alternative Lösungen definiert werden, beim Aufwachen können wir uns sie anschauen. Lösung, die Sinne erregt, ist falsch, weil es ist das, was die Sinne wollen. Nur die Alternative, die ein stilles harmonisches Gefühl erzeugt, ist richtig.

Die Vergangenheit, die Gegenwart und die Zukunft existieren nebeneinander gleichzeitig. Mit sinnlicher Wahrnehmung sehen wir nur das, was sich unmittelbar um uns befindet. Jose Silva (1914-1999) entwickelte Methode für Übergang der sinnlichen Wahrnehmung (beta-Gehirnwellen) zu außersinnlichen Wahrnehmung (alpha-Gehirnwellen) durch zählen. Den Kontakt zu geistiger Welt, die zeitlich und räumlich unbegrenzt ist, haben auch die Propheten praktiziert.

Mit Gebet wenden wir uns an Gott an. Das Gebet kann laut sein, oder wir können uns in das Gebet vertiefen. Das Gebet ist nicht betteln, sondern Bestätigung, dass Gott weiß was wir brauchen vor dem wir es aussprechen.

Das Instrument im Schritt zwei: Die Intuition.

# 3. Bedingungen - Leid, Freude, Denken - Seele

Seele ist die Grenzfläche zwischen dem Geist und Körper.
Das Selbstwerden des Menschen vollzieht sich in
Situationen wie Schmerz, Leiden, Schuld, Freude.

Negative Emotionen werden in Grenzsituationen entfernt,
ähnlich wie die Entfernung von Schmutz aus den Textil
mit einem Grenzflächen bildenden Waschmittel. Nach der
Entfernung negativer Emotionen muss man in die Seele
Selbstvertrauen und Liebe einpflanzen. Ähnlich wird in
das Waschmittel ein Weichmittel zugegeben.

Psychosynthese hat Methoden ausgearbeitet, die das
Denken zu den Ursachen lenkt: Fragebogen, Musik hören
und spielen, freies Zeichnen, freie Bewegung, Meditation,
Tanz, Handeln als ob, Konzentration.

Eine dieser Methoden ist die Technik der Idealbilder von Assagioli
(1984): 1. Was wir zu sein glauben, 2. Was wir gerne wären, 3. Was
wir anderen gerne glauben machen, dass wir sind, 4. Was die andere
 glauben, dass wir sind, 5. Bilder die sich andere davon machen, wie
sie gerne möchten, dass wir sind, 6. Bilder von uns, die andere in
uns hervorrufen, 7. Bild von dem, was wir gerne werden möchten.

Schmerz schützt den Körper vor Verletzungen. Körper hat
eigenes Schmerzgedächtnis. Schmerz ist auch verbunden
mit sozialen Beziehungen. Schmerz führt zum Weinen,
Weinen ruft die Mutter, die Mutter tröstet. Schmerz ist
verbunden auch mit Aggression und Macht. Schmerz hört
auf, wenn wir uns erheben und auf etwas anderes denken.

Das Instrument im Schritt drei: Das Denken.

# 4. Abgrenzung - Materie, Körper - Person

Auf dem vierten Schritt der Mensch identifiziert sich mit seinem Körper. Durch Verbindung einfacher Moleküle in größere Einheiten vergrößert sich die Masse. Die Masse bekommt eigene Identität und grenzt sich von anderen Einheiten ab. Wenn Mensch definiert seine Persönlichkeit, grenzt sich von anderen Menschen ab und wird zu einer Masse. Kommunikation zwischen den Menschen ist wie Stoffwechsel in dem Körper. In Diskussion gewinnen oder verlieren die Ansichten das Gewicht und zwischen den Ansichten stellt sich Gleichgewicht wie im Stoffwechsel.

Nach der Methode der Schritte ist Heilung Verkleinerung der Stofflichkeit der Krankheit. In Gedanken muss man vor den Augen nicht einen kranken, sondern gesunden Menschen haben. Von ihm trennen wird das, was zu ihm nicht gehört. Die Infektionskrankheiten kann man auch mit Gedanken verkleinern. Man kann es vergleichen mit Wasser, das aus den Wolken herunterfällt, wenn sich die Wassermolekülen zu größeren Einheiten zusammenfügen. Die Sonne trennt die Moleküle voneinander.

Die Heilung muss mit dem ersten Schritt anfangen, mit Verständnis, das der Mensch geistig und vollkommen ist:

1. Identität. Es gibt keine gute oder schlechte Menschen
2. Realisation. Es gibt nur Menschen die sich schlecht verhalten
3. Bedingungen. Bekämpfe nicht solche Menschen
4. Abgrenzung. Trenne in Gedanken von ihnen die Eigenschaften
5. Abbau. Reagiere nicht während sie aggressiv handeln
6. Aufbau. Zeige ihnen Verständnis, wenn sie sich beruhigt haben
7. Wende. Verspreche, dass du überdenkst ihre Argumente

Das Instrument im Schritt vier: Die Kommunikation.

# 5. Abbau  -  Entwicklung, Wille - Leben

Leben ist Abbau/Aufbau, Tod/Geburt. Im Organismus
sterben fortwährend Zellen ab. Dann werden sie durch
neue ersetzt. Das psychische Leben des Menschen wird
in 6- jährigen Schritten entwickelt.

**Entwicklung der Lebewesen in Schritten:**

1. Identität. Prinzip der Entwicklung ist die Veränderlichkeit
2. Realisation. Neue Formen entstehen durch Teilung der Zellen
3. Bedingungen. Differenzierung durch Anpassung auf Bedingungen
4. Abgrenzung.  Populationen grenzen sich ein Lebensraum ein
5. Abbau. Durch Sterben und Geburt entstehen Variationen
6. Aufbau. Im Fließgleichgewicht wird wenig Energie verbraucht
7. Wende. Verschiedene Arten kooperieren zusammen
8. Bilanz. Es stellt sich Gleichgewicht zwischen Populationen
9. Schöpfung. Strategien entwickeln wie Räuber, so auch die Beuten
10. Ganzheit. Der Mensch schützt und beeinflusst die Natur

Mit Tötung des körperlichen Menschen tötet man nicht den
geistigen Menschen, man nimmt ihm nur die Möglichkeit
sich zu entwickeln. Sinn für Moral entwickelt jeder Mensch
individuell mit Hilfe seines Gewissens.

Lasse nicht zu, das der Abbau deines Körpers größer als
die Regeneration wird. Regeneriere deinen Körper durch
verschiedene Aktivitäten. Der Wille ist Entschlossenheit,
etwas zu realisieren. Alles soll man mit freiem Willen,
ohne Zwang realisieren.

Das Instrument im Schritt fünf: Der Wille.

# 6. Aufbau  -  Leistung, Regulation - Wahrheit

Wahrheit ist die Übereinstimmung der Kenntnisse mit ihrem Gegenstand. Wahrheit ist die Rückkopplung, die uns auf dem schmalen Weg hält. In dem Kühlschrank ist eine Rückkopplung, die Temperatur in engen grenzen hält.

Der sechste Schritt sind die Dogmen, Vorschriften und Gebote. Die Gebote von Mose sind Lebensordnung für das Leben in Gemeinde, die nach Auszug aus Ägypten geschrieben wurden.

Dogma ist Lehrsatz, Glaubensatz, eine Überzeugung, die nicht durch einen Beweis sondern durch autoritative Erklärung gesichert ist. In den Kirchen entspricht es der Offenbarung, die schriftlich in Veda, Thora, Bibel oder Koran festgehalten ist. Die Kirchen haben in der Geschichte auch mit Strafen das Befolgen der Schrift realisiert. In der Gegenwart wird es durch religiöse Extremisten praktiziert.

In der Aufklärungszeit war die Naturwissenschaft und Vernunft die Grundlage der Kritik an allen irrational bestimmten Denkweisen. Materialismus, Idealismus und Dualismus sind aber nur theoretische Abstraktionen, die Realität nicht beschreiben. Die Methode der zehn Schritte zeigt, wie sich das geistiges Prinzip realisiert, materiell abgrenzt und weiter entwickelt.

Das Instrument im Schritt sechs: Die Wahrheit.

# 7. Wende  - Loslassen, Erheben - Liebe

Der Begriff Liebe hat eine unterschiedliche Bedeutung.
Sexuelles Verlangen, Sympathie, Partnerschaft. Die
leidenschaftliche Liebe kann zu dem Gegensatz von
Liebe führen, deswegen ist die Liebe unabhängig von
Menschen zu definieren. Universelle Liebe existiert
unabhängig von Menschen. Sie wird von Menschen
empfangen und weiter gegeben. Liebe zu einen
Menschen ist abgegrenzte Liebe, sie verlangt Treue
und weckt Eifersucht.

Liebe ist kein Verlangen, Liebe ist das Loslassen. Bei
Heilen mit Liebe muss man die Furcht über Gesundheit
abgeben. Das kann man lernen. Analogie: Wenn wir
schwimmen lernen, bedarf es Mut, auf das Wasser sich
einfach wagerecht hinzulegen. Man kann nicht unter
Wasser gehen. Die Bewegungen der Beine und der Arme
können voll für die Vorwärtsbewegung angesetzt werden.
Wenn wir dagegen aus Angst den Kopf nach oben
strecken, gehen die Beine nach unten und die Energie
der Bein- und Arm- Bewegungen wird nur für das
Über-Wasser-Halten verbraucht.

1.Prinzip:      Nicht sorgen machen, weil Gott ist alles
2.Realisation:      Gott ist Liebe, Gott liebt Dich
3.Bedingungen: Es gibt immer eine Lösung für Dich
4.Person:   Liebe haben wir immer, auch wenn sie nicht teilen
5.Abbau:   Bekämpfe nicht das Problem, sende der Stelle Liebe
6.Aufbau:   Mit Vertrauen haltest Du die Tür für die Liebe offen
7.Loslassen:  Lasse die Liebe wirken, dass sie alle
              andere Wirkungen ausschließt

Das Instrument im Schritt sieben: Das Loslassen.

# 8. Gleichgewicht - Bilanz, Harmonie - Schutz

Wenn Arzt ein Mittel verschreibt, programmiert er den
Patienten auf die Wirkung des Medikaments. Auch die
permanente Gesundheit kann man programmieren, wenn
Mensch geistig als vollkommen gesehen wird. Auch wenn
der Arzt erstellt ein Krankheitsbild, der Patient soll wissen,
dass die Symptome werden auf dem Körper gesehen, aber
die Heilung fängt zuerst auf der geistigen Ebene an.

Programm permanenter Liebe funktioniert durch das
Wissen, das alle Menschen gut sind. Man kann sich dann
entspannen und alles von höherem Standpunkt sehen.
Kämpfe nicht, wenn dich jemand angreift, bemühe Dich
ihn als geistig perfekt zu sehen. Das neutralisiert seine
Aggression.

Programm der Zusammenarbeit in der Politik funktioniert
durch erheben sich über rechts und links. Das Programm
findet richtige Lösung zu richtigen Zeit. Anstatt nach
Macht zu streben, lobe den Gegner wenn er etwas gutes
vorschlägt.

Programmieren kann man auch kurzfristige Ziele, zum
Beispiel wenn man braucht etwas kaufen, was gerade
nicht im Geschäft zu haben ist. Der Mensch bekommt
dann in sein Gemüt ein Signal, wann er soll in das
Geschäft gehen. Das bedeutet zu richtigen Zeit auf
richtigen Platz zu sein.

Das Instrument im Schritt acht: Das Programmieren.

# 9. Schöpfung  -  Technik, Strategie - Weisheit

Die Heilung mit den Energien ist hauptsächlich Heilung mit Bewegung. Die Bewegung verteilt die angestauten Energien gleichmäßig im Körper. Die primäre Energie bekommt der Mensch aus der Nahrung. Mit Bewegung des ganzen Körpers, oder eines Armes oder Beines, wird sekundäre Energie induziert. Die primäre Energie dreht nach links, die induzierte Energie nach rechts.

Die induzierte positive Energie kann man zur Heilung durch Handlegen benutzen. Ob sie stark ist, kann man bei Mann auf der linken Hand, bei Frau auf der rechten Hand, mit Pendel messen. Über der Handfläche dreht der Pendel nach links. Wenn die induzierte Energie stark ist, wird sich der Pendel ab den Fingern nach rechts drehen.

Mit den Tai Chi Bewegungen kann man demostrieren wie die Energien zwischen Erde und Luft durch den Menschen fließt. Durch Einwurzeln in die Erde und durch richtige Fingerstellung der Hände kann man den Fluss der Energie steuern. Auch Tanzen steuert den Fluss der Energien. Die lateinische Hüftebewegung bewegt die Energien um den Körper. Die vertikale Schaukel zieht die kosmische Energien nach unten. Das Stampfen bringt die Energien aus der Erde in dem Körper.

Das Instrument im Schritt neun: Die Bewegung.

# 10. Einheit - Verbindung, Fülle - Ganzheit

Die Ganzheit ist mehr als die Summe der Bestandteile,
es ist das Prinzip, die Organisation, die Information.
Zum Beispiel ein Organismus oder ein Kunstwerk ist
eine Ganzheit. Geistige Heilung ist das Erfassen der
geistigen Substanz mit dem Denken.

Meditation ist Gedankenkontrolle, die ein Gefühl des
tiefen inneren Friedens gibt. In der buddhistischen
Meditation richtet sich die gesammelte Aufmerksamkeit
auf ein meditatives Symbol, oder auf den eigenen Atem.
Das Ziel ist, die Gedanken immer mehr und mehr nach
innen zu lenken, bis sich das Denken selbst transzendiert
das heißt, die Grenze der Erfahrung über das sinnliche
hinausgeht. Autogenes oder Alpha-Wellen Training geht
nicht so tief, aber es kann positive Ergebnisse bringen.
Ein geistig entwickelter Mensch kann immer, auch in der
Mitte einer Menge von Menschen meditieren. Die Zehn-
Schritt Modelle sind ein guter Rahmen, die Sachen
ganzheitlich zu sehen.

Eine Menge von Menschen bildet auch eine Ganzheit.
Die antike Griechen lenkten die Kriege zwischen den
Städten zu Wettbewerb in olympischen Spielen um.
Manche Menschengruppen haben Gewalttätigkeit in
ihrem Programm. Anderseits große Menge von Zuhörern
und kleiner Menge von Künstlern verbindet die Musik.

Das Instrument im Schritt zehn: Die Dankbarkeit.

**Gebet "Vaterunser" (Matthäus: 6) entspricht den ersten sieben Schritten des Gesund Halten mit Gedanken:**

**1. Identität:   Unser Vater im Himmel** - die Anrede, nicht mein Vater, sondern unser Vater, drückt die Liebe aus

**2. Realisation: Dein Reich komme** - ist Bejahung, nicht Bitte

**3. Bedingungen: Dein Wille geschehe** - Gottes Wille ist die Gesundheit, wir verlassen uns auf sein Wille

**4. Person:...täglich Brot gib uns heute** - nicht mein Brot, sondern unser Brot

**5. Leben: Vergib uns unsere Schuld -** Der Wille kann Unrecht verursachen, deswegen Vergib uns unsere Schuld

**6.Wahrheit:...führe uns nicht in Versuchung,** der gerade Weg zum Ziel ist schmal

**7. Liebe: Dein ist das Reich** - wenn ich in seinem Reich bin, kann ich loslassen

**Die ersten sieben Kapitel von Koran befolgen auch die Methode der Schritte**
**1. Identität**   1:14  Dich allein bitten wir um Hilfe
**2. Realisation** 2:2 Das Buch ist Richtschnur für die ...
**3. Bedingungen** 3:14 Verschönt ist den Menschen die Liebe zu...
**4. Personen** 4:36 Güte den Eltern, Verwandten, Weisen ...
**5. Leben** 5:3 Untersagt ist euch das tot geschlagene ...
**6. Wahrheit** 6:32 Die Wohnung in Jenseits für Rechtschaffene
**7. Liebe** 7:24 Er sprach zu Adam und Eva: geht aus von hier, da einer des anderen Feind ist

# Altersprogression:  6 Jahre / Schritt

Die kleine rote Zahlen sind Schritte: die ungerade Zahlen sind auf den Spitzen, die gerade Zahlen in den Tälern des Pentagramms. Große Zahlen sind die Jahre des Alters. Unten ist der Altersprogress mit zwei Halb-Kreisen dargestellt. Kulmination in unteren Teil der Kurve entspricht geraden Zahlen in den Tälern des Pentagramms. Kulmination in oberen Teil der Kurve entspricht ungeraden Zahlen auf den Spitzen des Pentagramms. Der Übergang zwischen den Halb-Kreisen ist der Übergang zwischen den Perioden.

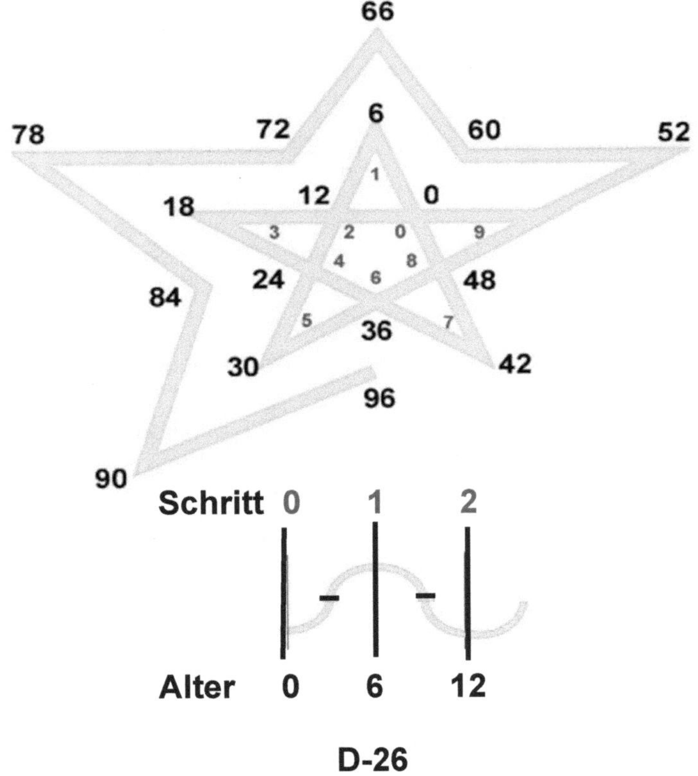

# 6- jährige Entwicklung des Menschen

Alter  Schritt
 0-6    0-**1 (Identität)** Kenntnisse über sich sammeln
 6-12   1-**2 (Realisation)** Tätigkeitsraum finden
12-18   2-**3 (Bedingungen)** Fachausbildung
18-24   3-**4 (Abgrenzung)** Studium, Unabhängigkeit
24-30   4-**5 (Abbau)** Experimente, Existenz aufbauen
30-36   5-**6 (Aufbau)** Permanente Stelle finden
36-42   6-**7 (Wende)** Neue Beziehungen finden
42-48   7-**8 (Gleichgewicht)** Inneres Selbst finden
48-54   8-**9 (Schöpfung)** Neue Lebensphilosophie
54-60   9-**0 (Ganzheit)** Höhepunkt der Berufstätigkeit
60-66   0-**1 (Identität)** Vorbereitung neuer Aktivität
66-72   1-**2 (Realisation)** Realisation neuer Tätigkeit
72-78   2-**3 (Bedingungen)** Erfahrungen weitergeben
78-84   3-**4 (Abgrenzung)** Anerkennung der Grenzen
84-90   4-**5 (Abbau)** Körperlich-geistige Regeneration
90-96   5-**6 (Aufbau)** Verlassen sich auf das Prinzip

## Wendepunkte - Krisenjahre

**Alter**

| | |
|---|---|
| **3 - Kindheitskrise** | **9 - Realitätskrise** |
| **15 - Pubertät** | **21 - Krise der Ideale** |
| **27- Selbstdarstellung** | **33 - Krise der Berufskarriere** |
| **39 - Sozialstatus-Krise** | **45 - Midlife-Krise** |
| **51 - Lebensrichtung** | **57 - Autoritätskrise** |
| **63 - Geistige Pubertät** | **69 - Neue Realisation** |
| **75 - Hindernisse** | **81 - Vergleiche mit anderen** |
| **87 - Selbstheilung** | **93 - Verinnerlichung** |

6- jährigen Altersprogress hat Huber (1930-1999) entwickelt

**Altersprogression
6 Jahre / ein Haus
nach der Methode
von Huber (1980)**

**Mit dieser Methode kann
man auch die Wirkung
der Planeten untersuchen**

**Sonne - Bewusstsein
Mond - Gefühle
Merkur - Kommunikation
Venus - Schönheit
Mars - Sportleistungen
Saturn - Stabilität
Jupiter - Sozialstatus
Uranus - Geistigkeit
Neptun - Kunst
Pluto - Geschäfte**

**Weitere Wirkungen:
Mars - Schwangerschaft
Saturn - Hochzeit
Uranus - Trennung**

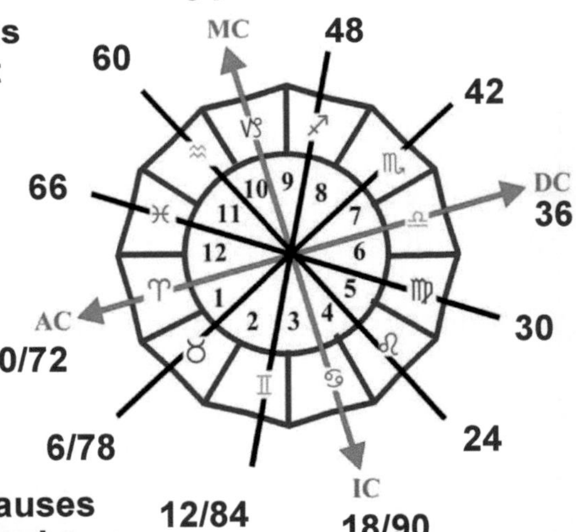


**Die Wende von
einen Haus zu
nächsten wird
auch wie bei der
Methode des
Pentagramms in
der Mitte bis in das
zweite Drittel des Hauses
vollgezogen. Das Maximum
der Wirkung ist auf der Spitze des Hauses. Die Stellung
der Sonne auf der Spitze des Hauses zeigt einen
extrovertierten, die Stellung in dem Tief des Hauses
einen introvertierten Menschen. In dem Tief des
Hauses könnte es zu Krisen kommen. Die Planeten
können es beeinflussen. Das Alter ist geschrieben
außerhalb des Kreises am Anfang des Hauses.**

# Zeichen und Häuser definiert mit Methode der Schritte
**x)** Definition der Amer.Astrol.Federat.(Goodavage, 1968)

| | | |
|---|---|---|
| **1 Identität, Subjekt** | Widder (1.Haus) | Ich bin **x)** |
| **2 Realisation, Besitz** | Stier (2.Haus) | Ich habe |
| **3 Bedingungen, Lernen** | Zwillinge (3.H) | Ich denke |
| **4 Abgrenzung, Heim** | Krebs (4.H) | Ich fühle |
| **5 Regeneration, Leben** | Löwe (5.H) | Ich will |
| **6 Leistung, System** | Jungfrau (6.H) | Ich analysiere |
| **7 Umgebung, Partner** | Waage (7.H) | Ich gebe |
| **8 Nehmen, Geben** | Skorpion (8.H) | Ich begehre |
| **9 Schöpfung, Kritik** | Schütze (9.H) | Ich sehe |
| **10 Verbindung** | Steinbock (10.H) | Ich benutze |
| **11 Identität, Wissen** | Wassermann (11.H) | Ich weiß |
| **12 Realisation, Fühlen** | Fische (12.H) | Ich glaube |

# Integration der Oppositionen in astrologischen Kreis

| | | |
|---|---|---|
| 1 | **Widder** | - egozentrisch |
| 7 | **Waage** | - partnerabhängig |
| 2 | **Stier** | - besitzt auch dem Partner |
| 8 | **Skorpion** | - gibt Freiheit aber spioniert |
| 3 | **Zwillinge** | - lernt ständig |
| 9 | **Schütze** | - spricht immer |
| 4 | **Krebs** | - versteckt sich |
| 10 | **Steinbock** | - organisiert alles |
| 5 | **Löwe** | - hat eigene Moral |
| 11 | **Wassermann** | - benutzt Ethik |
| 6 | **Jungfrau** | - ist systematisch |
| 12 | **Fische** | - ist intuitiv, träumt |

*Wenn der Mensch integriert die Eigenschaften des gegenüber stehenden Zeichen, kommt er in die Mitte des Kreises und wird von der Wirkung des Horoskops unabhängig*

# Integration der Eigenschaften in dem Pentagramm zu Achse 2-7

| | | | |
|---|---|---|---|
| 3 Lernen | - | 11 | Wissen |
| 4 Abgrenzen | - | 10 | Verbinden |
| 5 Abbau | - | 9 | Schöpfung |
| 6 Aufbau | - | 8 | Gleichgewicht |

# Die Stellung von AC (Sonnenaufgang) und DC (Sonnenuntergang) bestimmt die Tageszeit

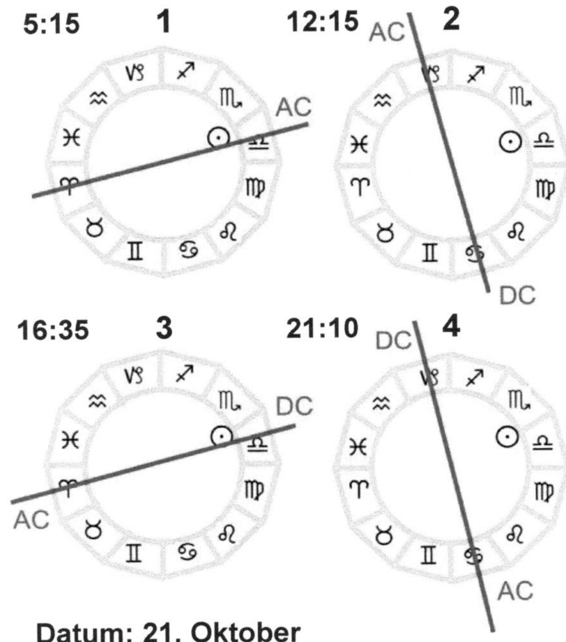



Datum: 21. Oktober

1 - Sonne auf der AC Seite. Diese Menschen orientieren sich auf sich selbst. Haben Problem den Partner zu verstehen.

2 - Sonne über der AC-DC Achse. Diese Menschen wollen über die Masse herausragen. Haben Problem sich unterordnen.

3 - Sonne auf der DC Seite. Diese Menschen leben durch die Partner.

4 - Sonne unterhalb der AC-DC Achse. Sie suchen Sicherheit im Kollektiv.

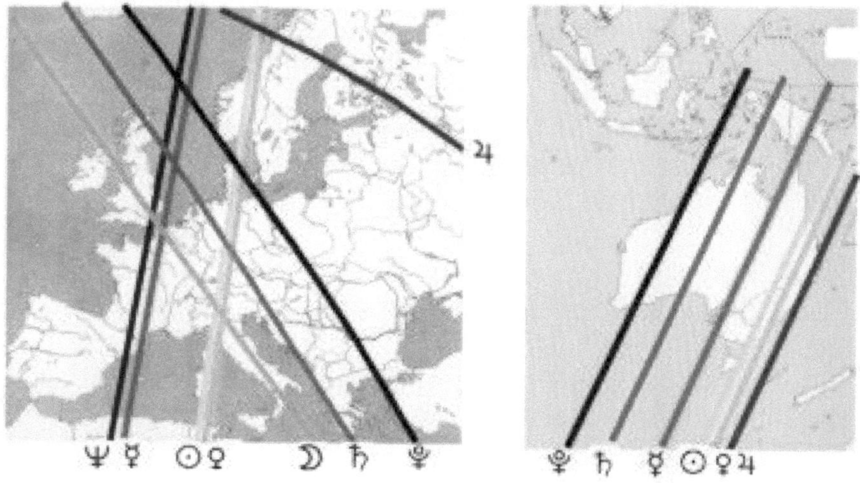



**Astro-Kartographie (Lewis 1976) ist die Projektion der Achsen AC-DC und MC-IC von Sonne, Mond und Planeten auf die Weltkarte.**

**Im ersten Beispiel die Sonne zeigt den Ort, wo sich die Person niedergesetzt hat. Aus der Kreuzung mit Saturn wurde sie finanziell Unterstützt.**

**Der zweite Beispiel zeigt eine Person, die schon als Kind behauptete, dass sie will nach Australien auswandern.**

# Modelle für die Körper Entwicklung

sind auch mit Methode der Schritte aufgebaut.
Sie zeigen Einheit von Materie, Energie und Geist.

**Behauptungen der Materialisten und der Skeptiker:**
1. Es existiert keine geistige nicht materielle Substanz die den menschlichen Körper regiert.

2. Alle geistige Eigenschaften des Menschen sind nur Funktionen des materiellen Körpers.

3. Behauptung des Patienten dass sein Zustand hat sich nach bestimmter Behandlung verbessert ist von den Statistikern bezeichnet als anekdotisch.

4. Auch positives Ergebnis mit großer Anzahl von Patienten ausreicht nicht, es müssen Kontrollgruppen aufgestellt und dann alles statistisch ausgewertet.

**Antworten:**
1. Ein von Menschen gemachtes Gerät funktioniert und man kann es reparieren nur deswegen, weil ein Projekt in dem es beschrieben wurde, geistig existiert.

2. Die Methode der Schritte zeigt wie sich eine geistige Identität materiell abgrenzt und weiter entwickelt.

3. Die Heilung ist immer individuell, zunächst erscheint sie auf der geistigen, dann auf der materiellen Ebene.

4. Nur Abweichungen von dem Prinzip, nicht von dem Mittelwert geben ein Sinn und zeigen die Ursache des Problems.

Methode der Schritte benutzt Modelle, die auf Wissen aufgebaut sind. Die Stoffwechselmodelle und auch die Methode der langfristigen Wettervorhersagen benutzen wissenschaftlich erforschte Kenntnisse. Die statistische Ergebnisse, die Zufall und die Beobachtung der Situation auswerten, können für die kurzfristige Voraussage, nicht für langfristige benutzt werden.

## Mathematik der Zehn-Schritte Methode

1 Identität: Auswahl der Variablen (x, y) und Konstanten (k)
2 Realisation: Einfügen der Elemente in eine Funktion (y = x . y)
3 Bedingungen: System von Gleichungen, wo eine bestimmt andere
4 Abgrenzung: Begrenzter Raum bestimmt die Konzentration
5 Abbau: Reversibilität und dynamisches Gleichgewicht
6 Regulation: Rückkopplungen steuern das System
7 Umwelt: Block Diagramm komplexer Beziehungen zu Umwelt
8 Gleichgewicht: Ein/Aus- Bilanz bestimmt die Regulation in 6
9 Schöpfung: Strategien beeinflussen den Abbau in Schritt 5
10 Ganzheit: Ganze Auswertung bestimmt den Raum in 4

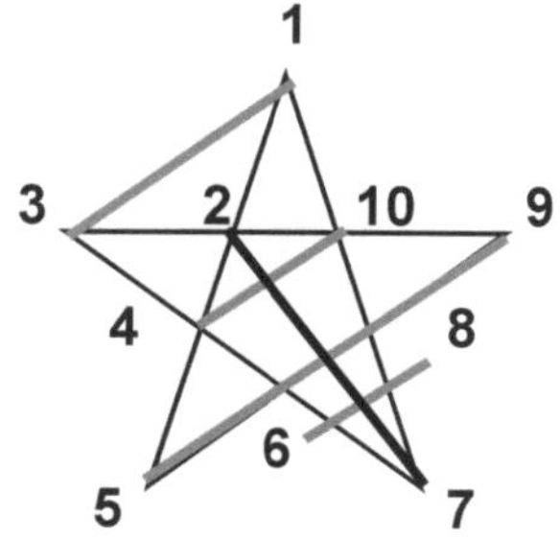


Leistung Dreiecke zu Achse
2 (Funktion) - 7 (Umwelt):

6 Regulation    - 8 Gleichgewicht
5 Abbau         - 9 Schöpfung
4 Abgrenzung    - 10 Ganzheit
3 Bedingungen - 1 Identität

Zunächst wird Energieproduktion, Blutfluss und Prozent von Protein in Gesamtkörper von Standard Tier, mit Formeln für Kalkulation von Parametern einer Kugel benutzt. Dann wird gezeigt wie sich ein Fließgleichgewicht einstellt und Wachstum Kurve berechnet. Schließlich wird ein Diagramm für Stoffwechsel aufgebaut und die Geschwindigkeitskonstanten berechnet.

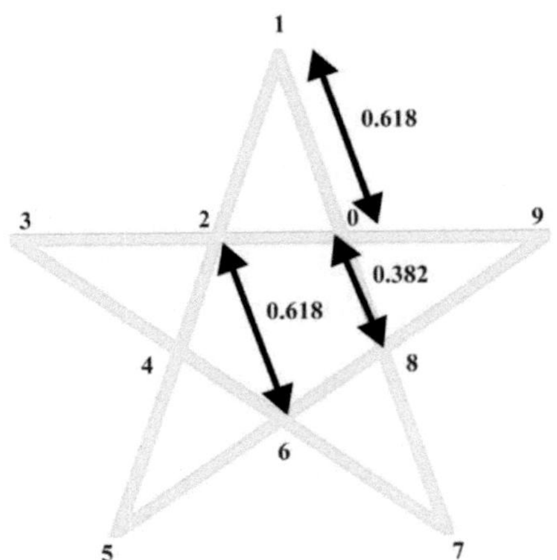


# Goldener Schnitt: 0.618 + 0382 = 1
## 0.618 x 0.616 = 0.382

Auf den Spitzen des Pentagramms sind die ungeraden männlichen
aktiven Zahlen, in den Tälern sind die geraden weiblichen aufbauenden
Zahlen geschrieben.
Mit Verhältnissen der ungeraden Zahlen kann man "pi/4" definieren.
Mit geraden Zahlen kann man "e" definieren.
Mit Konstante "pi" wird die Wärmeproduktion,
mit Konstante "e" die Menge der Stoffe im Körper berechnet.
**Ungerade Zahlen: pi/4 = 0.785 = 1 - 1/3 + 1/5 - 1/7 + 1/9 - 1/11 ...**
**Gerade Zahlen:  e = 2.718 = 1 + 1/1 + 1/2 + 1/6 + 1/24 + 1/120 ...**

## Theoretisch definiertes Standard-Tier
### mit Parametern für Berechnung der Kugel
### V = Volumen, A = Oberfläche, r = Radius, d = Diameter

$V = 4.189 \, r \uparrow 3 \quad\quad 4.189 = 4 \, pi / 3 \quad = \quad$ joule / calorie = kj / kcal

$A = 12.567 \, r \uparrow 2 \quad 12.567 = 4 \, pi \quad\quad = \quad$ 3 kcal . 4.189  = kj / h

$100 / 6 = 16.667 =$ Reaktionsfläche $=$ % Protein im Körper

$A / V = 6 / d \quad\quad$ ln 2 = 0.693 $\quad\quad$ 18.129 = 4 pi / 0.693

# Coulson (1986)

| Tier | Gewicht kg | Blutfluss lit/h/kg | Halflife h |
|---|---|---|---|
| Ratte | 0.1 | 24 | 0.69 |
| Hund | 10 | 6.3 | 2.64 |
| Mensch | 70 | 4.3 | 3.86 |
| Kuh | 400 | 2.8 | 5.92 |
| Eidechse | 0.005 | 2.4 | 6.90 |
| Schildkröte | 1 | 0.7 | 24.50 |

## Standard Tier

| Tier | Gewicht kg | Fluss1 lit/h/kg | Halflife h | A / V $\uparrow$0.75 |
|---|---|---|---|---|
| Ratte | 0.1 | 22.35 | 0.75 | 21.01 |
| Hund | 10 | 7.07 | 2.36 | 6.68 |
| Mensch | 70 | 4.34 | 3.84 | 4.11 |
| Kuh | 400 | 2.83 | 5.89 | 2.66 |
| Eidechse | 0.005 | 2.87 | 5.81 | 2.87 |
| Schildkröte | 1 | 0.76 | 21.93 | 0.76 |

Fluss1 = basaler Blutfluss  lit/h/kg  =  12.567  W $\uparrow$0.25

Halflife1 = basale Halbwertszeit  h  =  16.667 / Fluss1

Blutmenge  lit/kg  =  1 / 18.129  = 0.055

**Poikilotherme Tiere: berechneten Fluss1 dividiere mit 16.47**

Über ein breites Spektrum von homoiothermen und poikilothermen (kaltblutigen) Tieren sind die gemessene und berechnete Werte von Blutfluss und von Halbwertszeit fast identisch.

# Einstellung von Fließgleichgewicht der Anfangs- und End- Werte

$$e^{-1.1} = 0.333$$

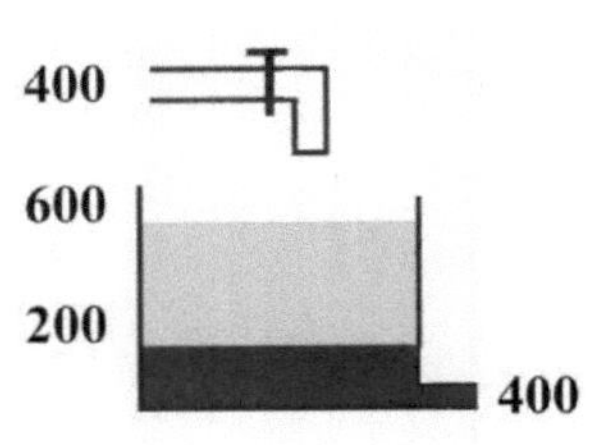

400 ...... 133
533 ...... 177
577 ...... 192
592 ...... 197
597 ...... 198
598 ...... 199

600 ...... 200

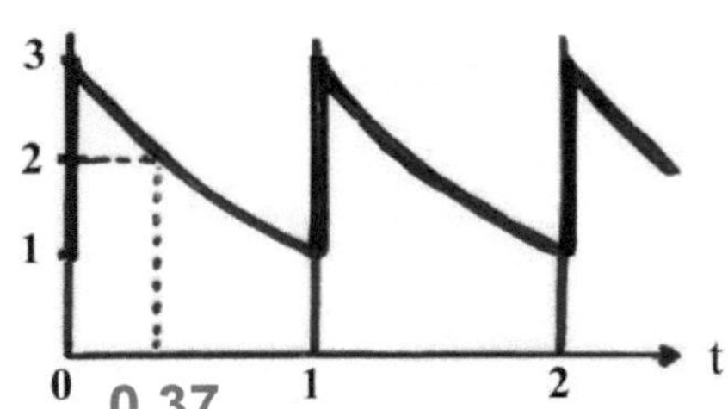


Exp(-1.1) = 0.333
ln 0.333 = - 1.1
1 / 0.333 = 3
Halbwertszeit = 0.37

**Durchfluss-Gleichgewicht stellt sich ein, wenn nach der Wiederholung gleicher Zugaben, die Parameter ganze Zahlen sind:**

600 = Anfangspool
200 = Endpool
400 = Durchflussmenge

**Berechnung der Halbwertszeit:**
T0.5 = ln (exp(-k) + 0.5 (1- exp(-k))) / -k

# Einstellung von Fliess-Gleichgewicht von Mikrobe Wachstum in einem Zeitzyklus

A = nichtverdauliche Substanz
B = verdauliche Substanz
C = wachsende Mikroben Substanz
B / C = 1.5 = S = stöchiometrie

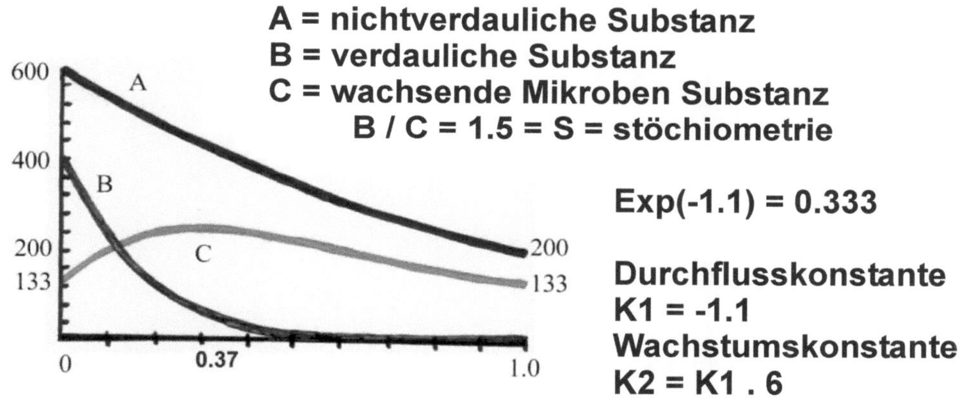


Exp(-1.1) = 0.333

Durchflusskonstante
K1 = -1.1
Wachstumskonstante
K2 = K1 . 6

**K2 muss 6 mal größer als K1 sein**

A = A + (- A . K1) dt
B = B + (- B . K1 - B . C . S . K2) dt
C = C + (- C . K1 + B . C . K2) dt

**Endpool von A = A . Exp(-K1) = 600 . 0.333 = 200**
**Anfangspool von A = 1 / Exp(-K1) = 200 / 0.333 = 600**
**Anfangspool von B = Fluss von B = 40**
**Anfangs- und End- Pool von Mikrobe C =**
**= A . Exp(-K1) / S = 133**

**Fluss von A = 600 - 200 = 400**

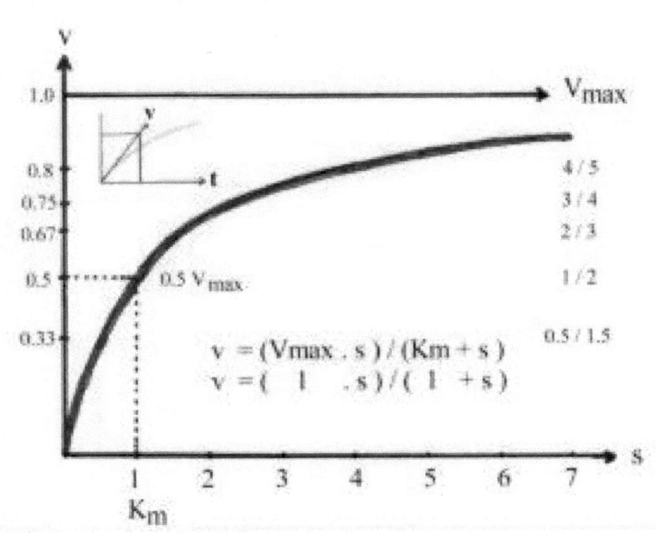


**Abhängigkeit der Geschwindigkeit "v" einer Reaktion von der Menge des Substrates "s". Vmax ist die maximal mögliche "v". Km ist die Menge von "s" bei halben Vmax. Die Kurve ist eine Parabel 1/2, 2/3, 3/4, 4/5 ...**

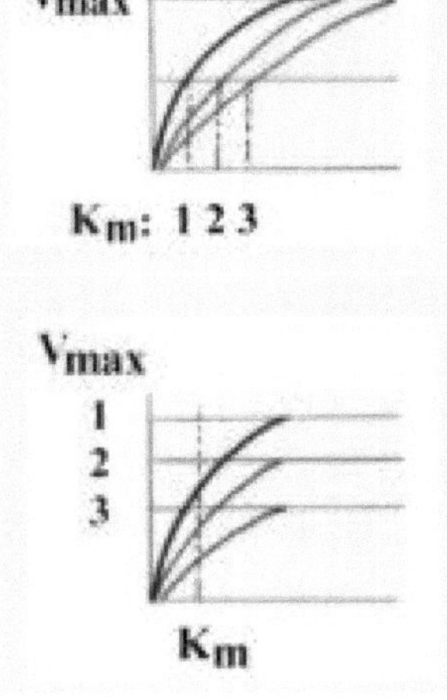


**Kompetitive Hemmung
Unterschiedliche Km**

**Nichtkompetitive Hemmung
Unterschiedliche Vmax**

**D-38**

# Täglicher Proteinzuwachs im tierischen Körper

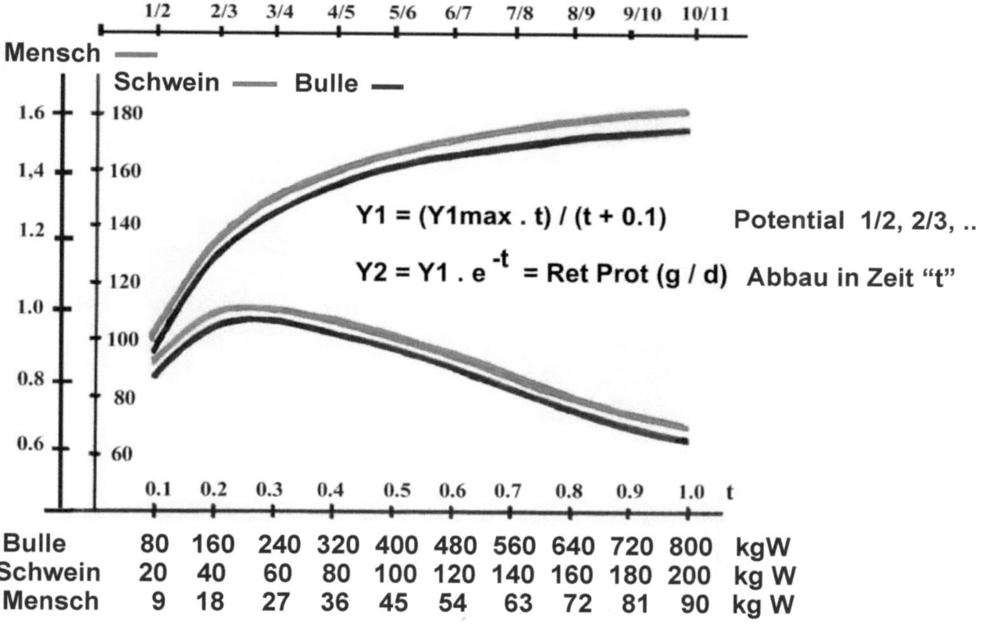


Potentieller Proteinzuwachs im Körper (1/2, 2/3, 3/4 ...) wird durch
Abbaureaktion (exp(-t)) zu realem täglichen Zuwachs (gramm / Tag)

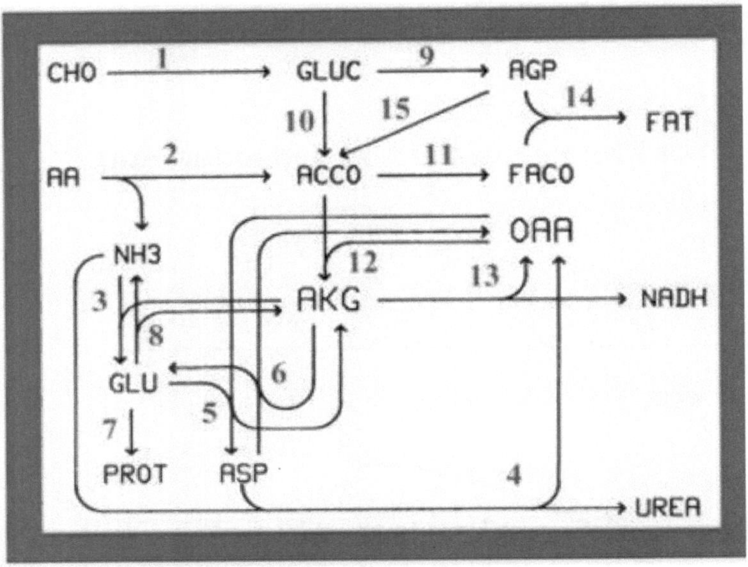


**Blockdiagramm eines einfachen Modell für Stoffwechsel:**
**Links oben ist Eingang von CHO (Kohlenhydraten) und AA**
**(Aminosäuren). Rechts ist die Produktion von Fett, NADH**
**und UREA(Harnstoff), links unten von Protein.**
**Das Diagramm wurde mit der Methode der Schritte**
**so aufgebaut:**
**1. Identität: Namen der ausgewählten Stoffe (CHO, AA ...)**
**2. Realisation: Metabolische Wege (F01, F02 ...)**
**3. Bedingungen: Abzweigungen, Zyklen (R3/R4 ...)**
**4. Abgrenzung: Synthese, Ablagerung (FAT, PROT)**
**5. Abbau: Reversibilität, Transamination (F3/F8, F5/F6)**
**6. Leistung: NADH für Produktion von Energie**
**7. Freimachung: Nutzung des elektrischen Potentials**

**Einzelne Reaktionen sind in algebraischer Form auf der**
**nächsten Seite definiert.**

$$
\begin{array}{lll}
\textbf{input-driven sequence equations} \\
(\ R\ =\ \text{branching ratio}\ )
\end{array}
$$

| | | |
|---|---|---|
| 01 | | - CHO + 1.8 GLUC |
| 02 | | - AA + ACCO + 1.2 NH3 + 2 NADH |
| 03 | R3 | - NH3 - AKG + GLU - NADH |
| 04 | R4 | - NH3 - ASP + OAA + UREA |
| 05 | | - OAA - GLU + ASP + AKG |
| 06 | | - ASP - AKG + GLU + OAA |
| 07 | R7 | - GLU + PROT |
| 08 | R8 | - GLU + AKG + NH3 + NADH  — NH3 |
| 09 | R9 | - GLUC + 2 AGP - 2 NADH |
| 10 | R10 | - GLUC + 2 ACCO + 4 NADH |
| 11 | R11 | - ACCO + 0.14 FACO - 1.8 NADH |
| 12 | R12 | - ACCO - OAA + AKG + NADH |
| 13 | | - AKG + OAA + 3 NADH |
| 14 | | - FACO - 0.33 AGP + 0.33 FAT |
| 15 | | - AGP + ACCO + 3 NADH  — ACCO |

Vor der dynamischer Simulation wird der Umfang der
Fluxe algebraisch berechnet. R bedeutet Verzweigung
in zwei Reaktionen, zum Beispiel R3/R4 bei NH3. NH3
und ACCO rezyklieren so lange, bis ihre Menge Null ist.
Dann werden aus dem Umfang der Umsätze und aus
der Form der Gleichungen Flux = Konstante . Pool
die dynamischen Konstanten berechnet.

# TCA - Trikarbonsäurenzyklus
## (Krebs-Zyklus)

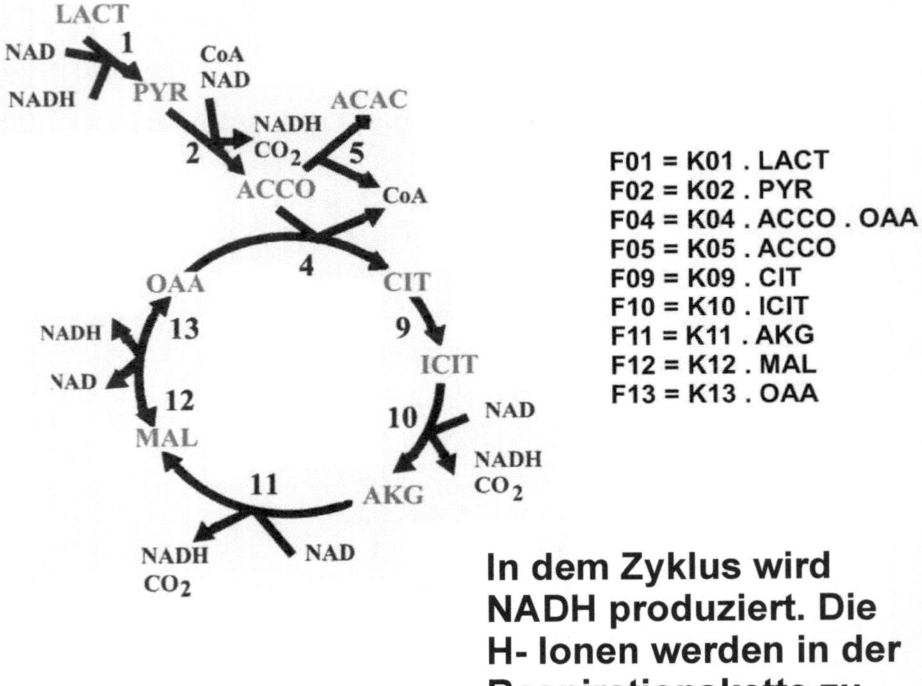


F01 = K01 . LACT
F02 = K02 . PYR
F04 = K04 . ACCO . OAA
F05 = K05 . ACCO
F09 = K09 . CIT
F10 = K10 . ICIT
F11 = K11 . AKG
F12 = K12 . MAL
F13 = K13 . OAA

**In dem Zyklus wird NADH produziert. Die H- Ionen werden in der Respirationskette zu H2O oxidiert.**

**Mit Ausnahme der Reaktion F04, die eine Reaktion zweites Grades ist, sind alle andere Reaktionen erstes Grades, wenn nur eine Chemikalie mit der Konstante K multipliziert wird.**

In Mitochondrien der Respirationskette wird aus der
Nahrung das primäre elektrische Feld erzeugt. Durch
Bewegung des primären Feldes wird elektromagnetisches
Feld induziert. Die Felder kann man messen.

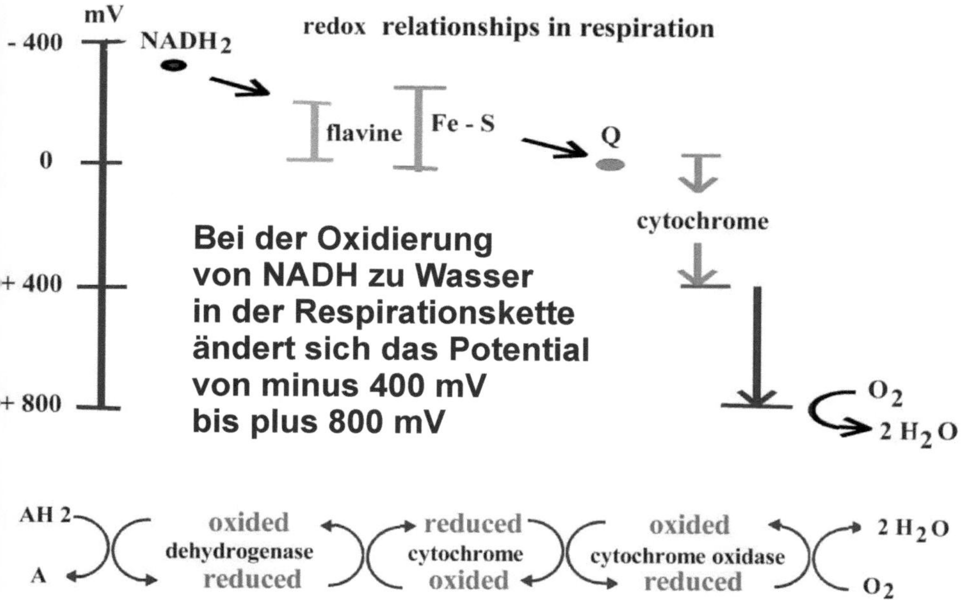

**Die Regel von Maxwell zeigt dass linksdrehender Strom nach außen und rechtsdrehender nach innen fließt. Magnetischer Effekt unterscheidet primären elektrischen von induzierten magnetischen Feld. Mit Pendel kann man messen ob der Strom nach links oder nach rechts dreht.**

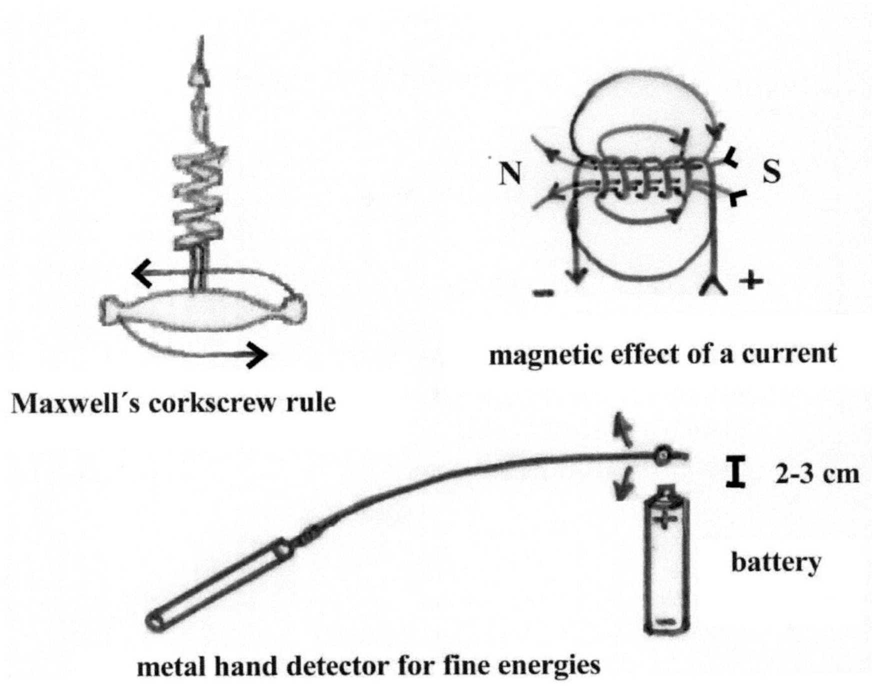


Maxwell´s corkscrew rule

magnetic effect of a current

battery

metal hand detector for fine energies

# Polarität der Chakren bei
## Frau       Mann

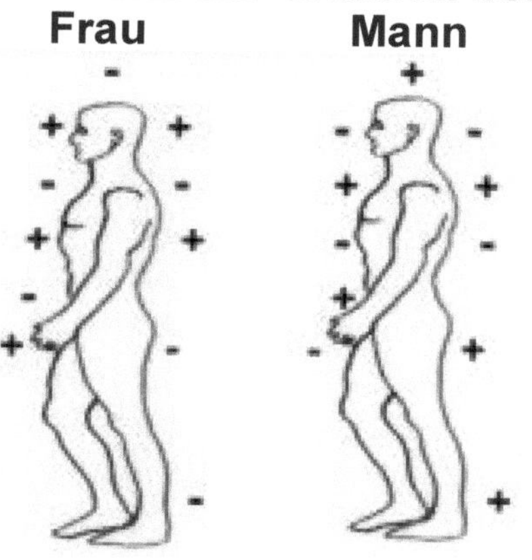


**Bei Frau und Mann ist die Polarität der Chakren gegensätzlich.**

**Berechnung der Energien auf dem Körper aus dem Geburtsdatum:**

**Die Geburtsdatumzahlen werden in das Pentagramm direkt aufgetragen. Auf die Körperpunkte erst nach der Korrektur der Zahlen 0,1,2 mit Summe 7 auf Zahlen 7,6,5.**
**Die Summe der korrigierten Zahlen zeigt mit welcher Zahl auf dem Kopf hinten fängt die Eintragung der Zahlen auf dem Körper.**
**Die Methode wurde über Generationen in der Schweiz entwickelt. Ich habe sie von Fritz Guggisberg (1919-1995) übernommen.**

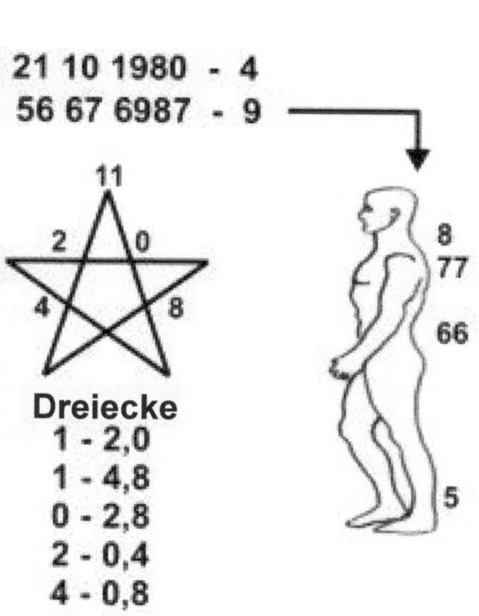


**Zahlen, die Tausend und Hundert entsprechen werden in der Summe benutzt aber nicht in Pentagramm und auf dem Körper aufgetragen.**

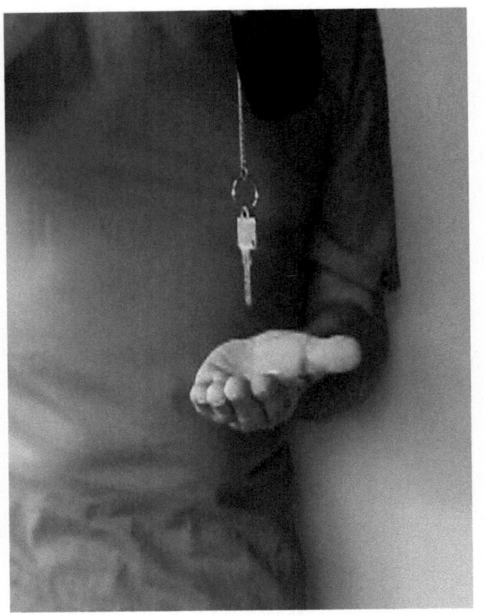

Die Polarität des Herzens und der linken Handfläche ist bei Mann minus, bei Frau plus. Deswegen kann man bei Mann auf der linken Handfläche, bei Frau auf der rechten Handfläche die primäre Energien aus dem Stoffwechsel messen. Auf der Handoberfläche dreht die Energie nach links. Dreht sich am Ende der Finger die Energie nach rechts, es zeigt, dass die induzierte positive Energie bei bestimmten Menschen stark ist.

Die Polarität der primären Energien aus dem Stoffwechsel ist minus. Die induzierten Energien, die durch die Bewegung des primären Feldes erzeugt werden, drehen nach rechts, ihre Polarität ist plus. Es ergibt sich durch magnetischen Effekt des Stromes, der auf der Seite 44 abgebildet ist. Die linksdrehende Polarität wird in Tai Chi als Yin, die rechtsdrehende induzierte als Yang bezeichnet. Yang kann man durch Bewegung der Arme erzeugen. Nach Chia nd Li (1996) mit Vorbeugen und Ausatmen wird die Yang Energie in den ausgestreckten Armen gesammelt und kann zum Beispiel im Kampf angesetzt werden.

# Projektion von Pentagramm auf dem Körper

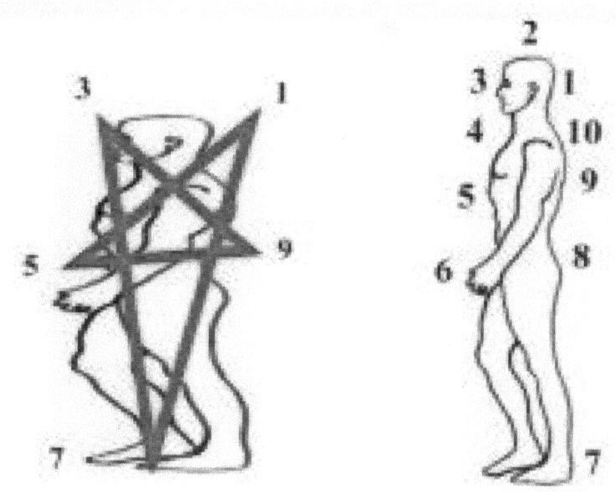

1. Identität:      **Eingebung**
2. Realisation:    **Inspiration**
3. Bedingungen:    **Denken**
4. Abgrenzung:     **Reden**
5. Entwicklung:    **Durchsetzen**

6. Aufbau:           **Leistung**
7. Wende:            **Bewegung**
8. Gleichgewicht:    **Helfen**
9. Schöpfung:        **Strategien**
10. Ganzheit:        **Organisation**

**So kann man die psychischen Eigenschaften bewerten.
Die Zahlen des Geburtsdatums aktivieren die Punkte.**

# Leistung Dreiecke zu Achse 1 (Geist) - 6 (Körper):

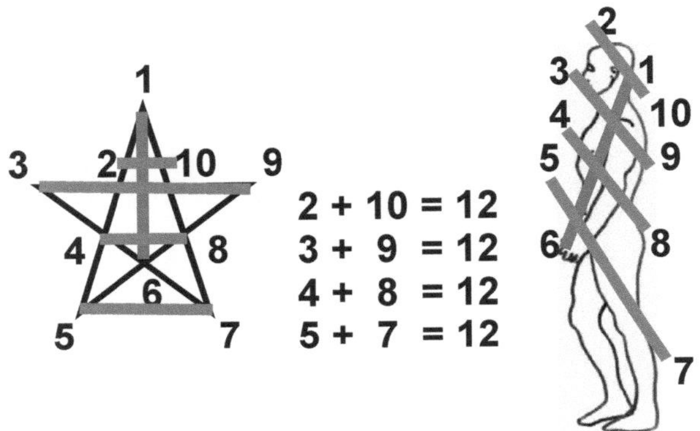


## Dreiecke bezogen auf Punkt 1 (Identität, Bewusstsein):

**1-** 2+10 =12    **Intuitive bis außersinnliche Wahrnehmung**
**1-** 3+9   =12    **Denken in breiten Zusammenhängen**
**1-** 4+8   =12    **Künstlerische Begabung**
**1-** 5+7   =12    **Starke Vitalität**

## Dreiecke bezogen auf Punkt 6 (Aufbau, Körper):

**6-** 2+10 =12    **Magische körperliche Ausstrahlung**
**6-** 3+9   =12    **Persönliche Durchsetzung**
**6-** 4+8   =12    **Sinnlichkeit**
**6-** 5+7   =12    **Selbstdarstellung (Kleider, Mode)**

# Dreiecke zu Achse 2(Korona) - 7(Beine)

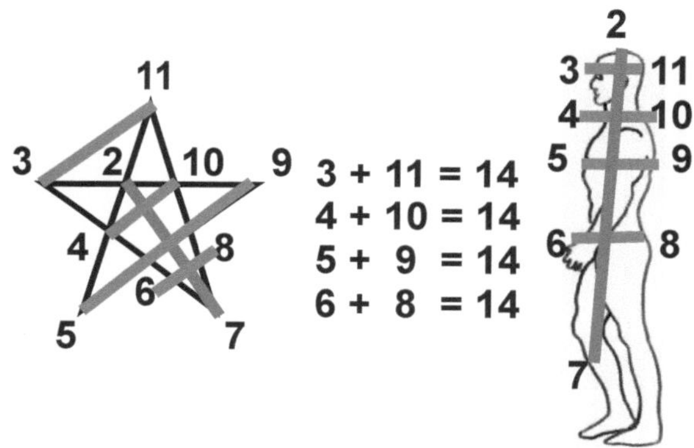



Die Achse 2-7 ist eine Energie-Achse, die Energien in der Luft und in der Erde und in der Luft verbindet.  Mit Summe 14 werden Energien die vorne sind (Selbstdarstellung) durch die Energien die hinten sind (Hilfeleistung) veredelt.

Dreiecke zu Achse 2(Korona) - 7(Beine):

|  |  |  | vorne-hinten |
|---|---|---|---|
| 3+11=14 | Intellektueller | (3-Denken, 11-Bewußtsein) | Kopf |
| 4+10=14 | Organisator | (4-Materie, 10-Ganzheit) | Hals |
| 5+9 =14 | Diplomat | (5-Wille, 9-Kreativität) | Brust |
| 6+8 =14 | Machtstreber | (6-Leistung, 8-Bilanz) | Basis |

Ivan IV.
25 8 (15) 30 - 6
55 8 (65) 37 - 3

J. V. Stalin
21 12 (18) 79 - 4
56 65 (68) 79 - 7

Charles de Gaule
22 11 (18) 90 - 6
55 66 (68) 97 - 7

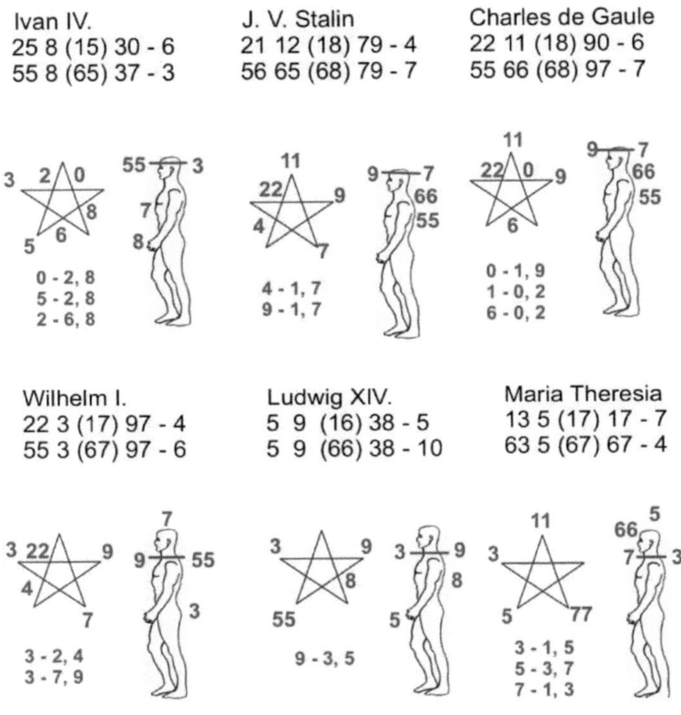


Wilhelm I.
22 3 (17) 97 - 4
55 3 (67) 97 - 6

Ludwig XIV.
5  9  (16) 38 - 5
5  9  (66) 38 - 10

Maria Theresia
13 5 (17) 17 - 7
63 5 (67) 67 - 4

## Energieachse auf dem Kopf vorne-hinten
## Intellektuelle Entscheidungen

## Energieachse auf dem Hals vorne-hinten
## Ganzheitliche Entscheidungen

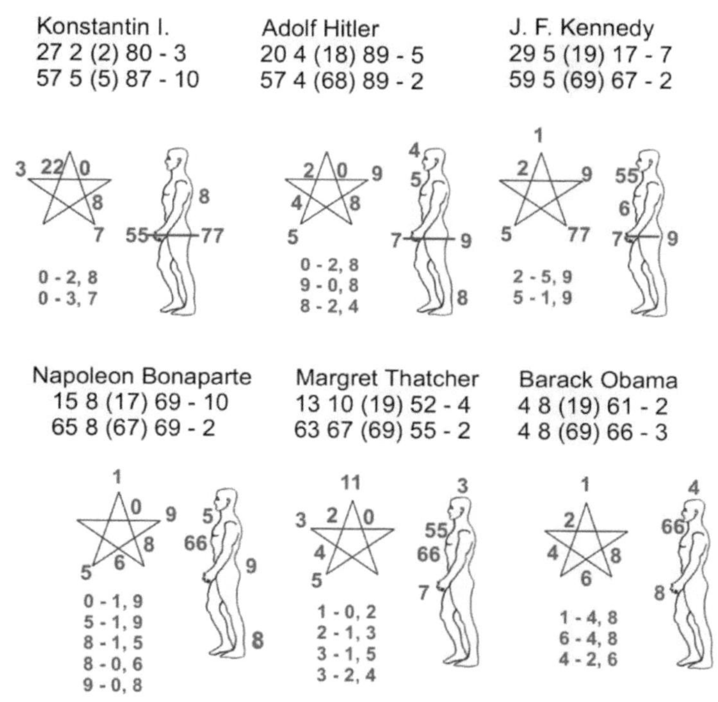


# Energieachse unten auf dem Körper vorne-hinten
# Machtstreben

## Energien vorne auf dem Körper
## Persönliche Durchsetzung

**D-51**

| T. G. Masaryk | M. S. Gorbačov | Vladimír V. Putin |
|---|---|---|
| 7 3 (18) 50 - 6 | 2 3 (19) 31 - 10 | 7 10 (19) 52 - 7 |
| 7 3 (68) 57 - 9 | 5 3 (69) 36 - 5 | 7 67 (69) 55 - 9 |

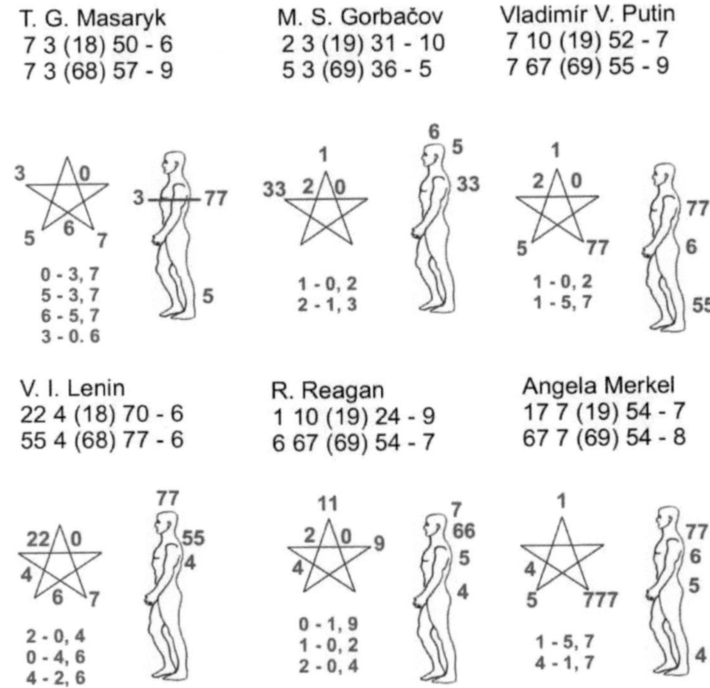


| V. I. Lenin | R. Reagan | Angela Merkel |
|---|---|---|
| 22 4 (18) 70 - 6 | 1 10 (19) 24 - 9 | 17 7 (19) 54 - 7 |
| 55 4 (68) 77 - 6 | 6 67 (69) 54 - 7 | 67 7 (69) 54 - 8 |



**Energien hinten auf dem Körper
Entscheidungen nützlich für die
ganze Population**

# Periodensystem der Elemente

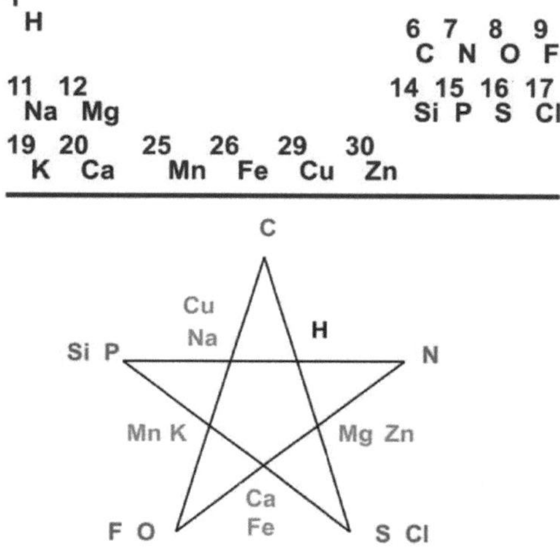



Perioden sind die horizontalen Zeilen. Nach rechts steigt die Ordnungszahl (Elektronenzahl). Elemente in einer Säule bilden untereinander bilden Gruppen. Von Zeile zu Zeile ist die Ordnungszahl achtmal größer.
Im Pentagramm auf den Spitzen sind Donatoren der Elektronen, Elemente die Energie frei geben. In den Tälern sind Akzeptoren der Elektronen, Elemente, die Energie speichern.

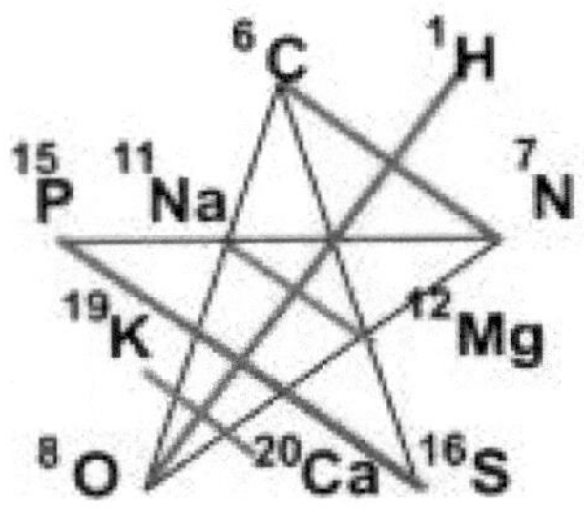


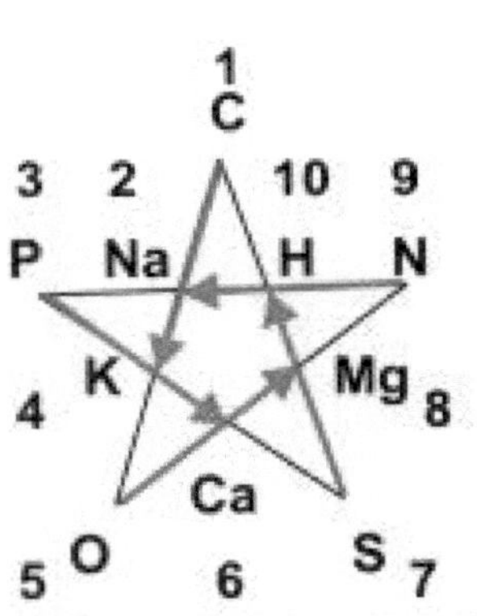


**Dreiecke zu Achse 5 (O) - 10 (H):**

2+8=10: Na-Mg: NaOH, Mg(OH)$_2$
4+6=10: K-Ca:     KOH, Ca(OH)$_2$
3+7=10: P-S:      H$_3$PO$_4$, H$_2$SO$_4$
1+9=10: C-N: C$_3$H$_7$NO$_2$ alanine

**Donator-Akzeptor Parallelen:**

C-K:   K$_2$CO$_3$, HCOOK   1+3=4   K
P-Ca: Ca$_3$(PO$_4$)$_2$              3+3=6   Ca
O-Mg: MgO, Mg(OH)$_2$   5+3=8   Mg
S-H:   H$_2$S, H$_2$SO$_4$              7+3=10 H
N-Na:  NaNO$_3$, NaNH$_3$  9+3=12 Na

# Pentagramm-Zahlen

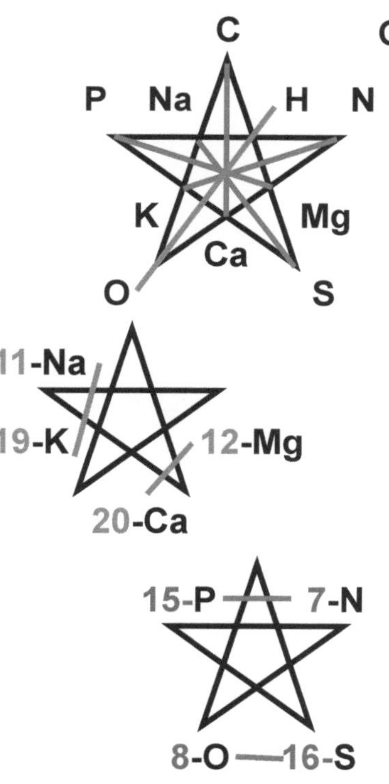


**Gegenüber stehen Donator - Akzeptor**

| | | | |
|---|---|---|---|
| C - Ca | 1+5= | 6 | CaCO3 |
| P - Mg | 3+5= | 8 | Mg-phosphatase |
| O - H | 5+5= | 10 | H2O |
| S - Na | 7+5= | 12 | Na2SO4 |
| N - K | 9+5= | 14 | KNO3 |

## Ordnungs-Zahlen

**Austausch:** Akzeptor - Akzeptor
Donator - Donator

K - Na   11+8 = 19(K)
NaNO3+KCl = KNO3+NaCl
Ca - Mg 12+8 = 20(Ca)
MgCl2+Ca(OH)2 = Mg(OH)2+CaCl2

P - N   7+8 = 15(P)
3 P+5 HNO3+2 H2O = 3 H3PO4+5 NO
S - O   8+8 = 16(S)
H2S+1/2 O2 = S+H2O

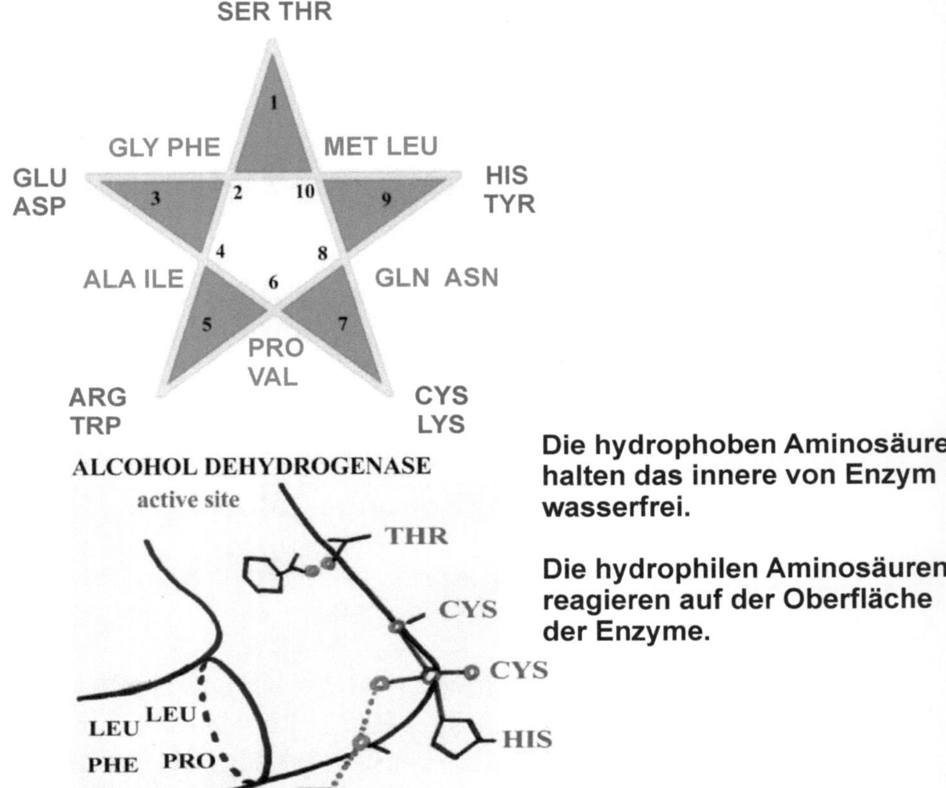


Die hydrophoben Aminosäuren halten das innere von Enzym wasserfrei.

Die hydrophilen Aminosäuren reagieren auf der Oberfläche der Enzyme.

| Hydrophile AA mit aktiven Gruppen auf den Spitzen des Pentagramms | | Hydrophobe aufbauende AA in den Tälern des Pentagramms | |
|---|---|---|---|
| 1. SER, THR | OH | 2. GLY, PHE | |
| 3. GLU, ASP | COOH | 4. ALA, ILE | |
| 5. ARG, TRP | NH2, NH | 6. PRO, VAL | |
| 7. CYS, LYS | SH, NH3 | 8. GLN, ASN | NH2 Transport |
| 9. HIS, TYR | NH, OH | 0. MET, LEU | |

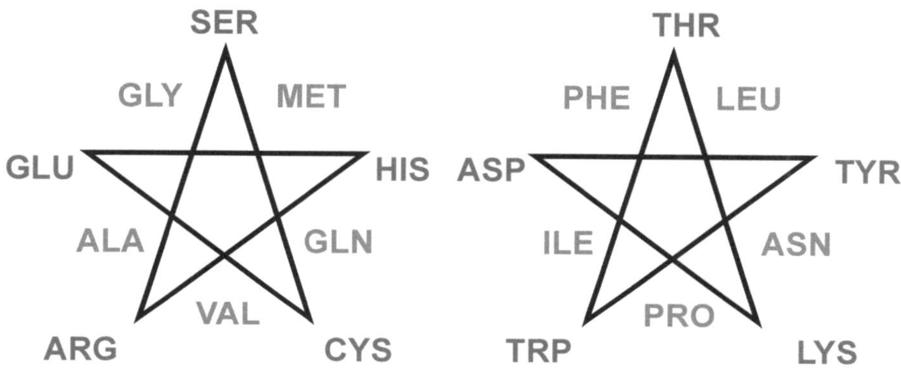



**AA - Parallelen** sind wie in der Musik **die Moll-Parallelen
(in den Tälern) zu** Dur -Akkorden (auf den Spitzen).
**AA  die auf den Spitzen sind,** produzieren spezifisch aktive
Produkte:

| | | | |
|---|---|---|---|
| 1 SER | ethanolamin, cholin | THR | propionat, B12 |
| 4 ALA | acetat | ILE | propionat |
| 3 GLU | transamination | ASP | transamination |
| 6 VAL | isobutyrat | PRO | aminovalerat |
| 5 ARG | ornithin, creatin, vasopresin | TRP | B-vit. nikotinsäure |
| 8 GLN | NH2- transport | ASN | NH2-transport |
| 7 CYS | taurin, oxidoreduktion | LYS | vasopres. acetoac. |
| 10 MET | homocystein | LEU | acetoacetat |
| 9 HIS | histamin, purin | TYR | tyramin, adrenalin |
| 2 GLY | purinbasen | PHE | phenylacetat |

**In dem rechten Pentagramm sind AA die überwiegend
ketoplastisch sind.**

# Entfernung der Planeten von der Sonne und die Entfernung der Töne C zwischen den Oktaven

| ☿ | ♀ | ⊕ | ♂ | Asteroids | ♃ | ♄ | ♅ | ♆ | ♇ | |
|---|---|---|---|---|---|---|---|---|---|---|
| 3.9 | 7.2 | 10 | 15.2 | 29 | 52 | 95 | 192 | 301 | 395 | - observed |
| 0 | 3 | 6 | 12 | 24 | 48 | 96 | 192 | | 384 | - calculated |

Frequencies (Hz) of the octaves of sound C:

| C2 | C1 | C | c | c′ | c″ | c‴ | c⁗ | c′′′′′ | |
|---|---|---|---|---|---|---|---|---|---|
| 16 | 33 | 65 | 131 | 262 | 523 | 1040 | 2093 | 4186 | |
| 1 | 2 | 4 | 8 | 16 | 33 | 65 | 130 | 261 | - relative to C2 |

Nach der Regel von Titius (1729-1796) und von Bode (1747-1836), beobachtete Entfernung der Planeten von der Sonne, relativ zu Entfernung der Erde gleich 10 minus 4, gibt die kalkulierte Entfernung der Planeten. Die ist immer um das zweifache höher.

Auch die Tonfrequenz in Hertz (Hz) zwischen den Tönen C über 8 Oktaven, ist das zweifache des vorangegangenes Tones C.

# Umrechnung der Tonleiter auf 360° Kreis

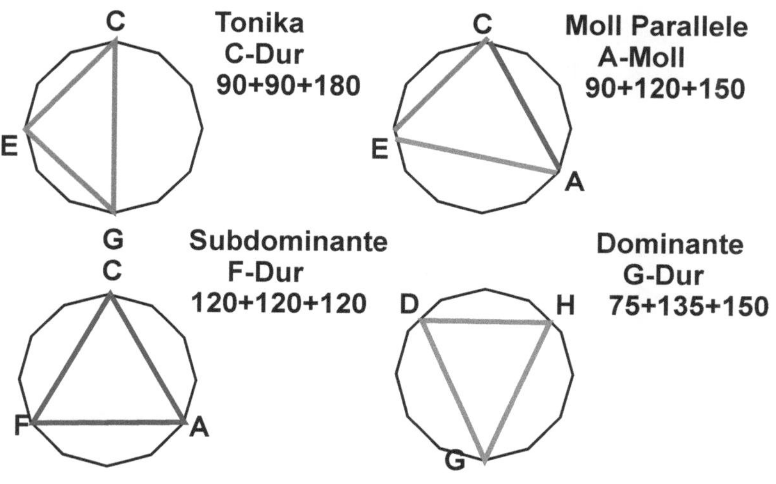


| | Hz | |
|---|---|---|
| C` | 261 | 0 |
| Db | 277 | 15 |
| D | 294 | 45 |
| Eb | 311 | 60 |
| E | 330 | 90 |
| F | 348 | 120 |
| Gb | 370 | 150 |
| G | 392 | 180 |
| Ab | 415 | 210 |
| A | 440 | 240 |
| Bb | 466 | 300 |
| H(B) | 494 | 330 |
| C`` | 522 | 360 |

Jede Tonleiter muss separat umgerechnet werden. Dann sehen alle Tonika, Dominante und Subdominante gleich. Der hier benutzte Beispiel ist für Tonleiter C-Dur.

Im Tierkreis befinden sich die Temperamente in folgender Reihenfolge: Feuer, Erde, Luft, Wasser. Temperamente Feuer und Luft sind aktivierend männlich. Temperamente Erde und Wasser sind aufbauend weiblich.

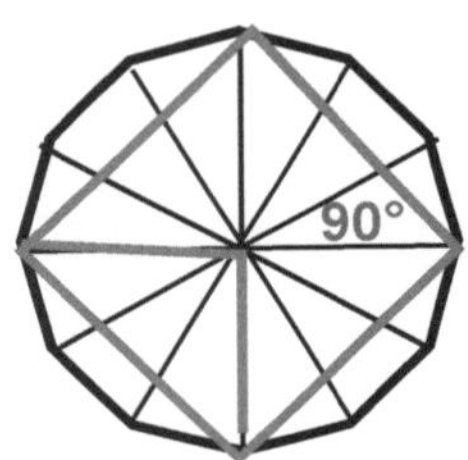


## Tierkreis Beziehungen:
## Quadrat 90° = 3 x 30°

**Spannung** zwischen Temperamenten
Feuer - Wasser, Wasser - Luft
Luft - Erde, Erde - Feuer.
Diese Leute sind aktiv bis in das
hohe Alter

## Trigon 120° = 4 x 30°

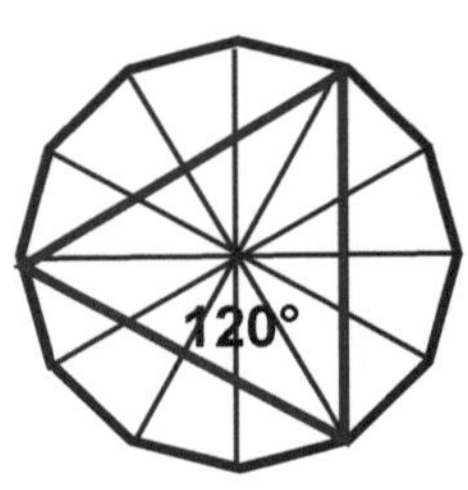


**Monoton**, weil verbindet gleiche
Temperamente
Feuer - Feuer, Erde -Erde, Luft - Luft,
Wasser - Wasser.
Diese Leute erzielen Ergebnisse
ohne Anstrengung, später könnten
sie faul werden.
Der Trigon entspricht in der Musik
der Subdominante.

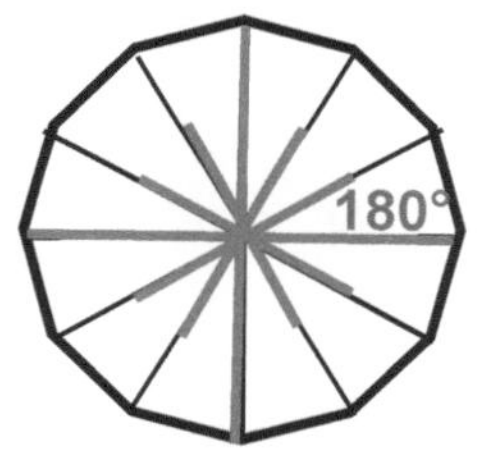


## Tierkreis Beziehungen:
## Opposition  180° = 6 x 30°

Polarität  ergänzender Temperamente
Feuer - Luft, Erde - Wasser.
Der Aspekt bringt wesentliche
Änderungen.
*Eine Opposition mit zwei Quadraten*
*entspricht in der Musik der Tonika*

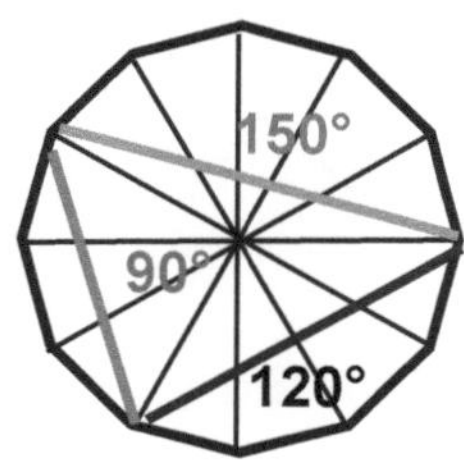


## Quincunx  150° = 5 x 30°

Spannung männlich - weiblich:
Feuer - Erde, Luft -Erde
Feuer - Wasser, Luft - Wasser
Der Aspekt wirkt reizend.
Quincux mit Quadrat und Trigon
bilden ein Dreieck, der mutierend
wirkt.
*In der Musik entspricht er dem*
*Moll-Akkord.*

# Übertragung der Akkorde in ein Pentagramm

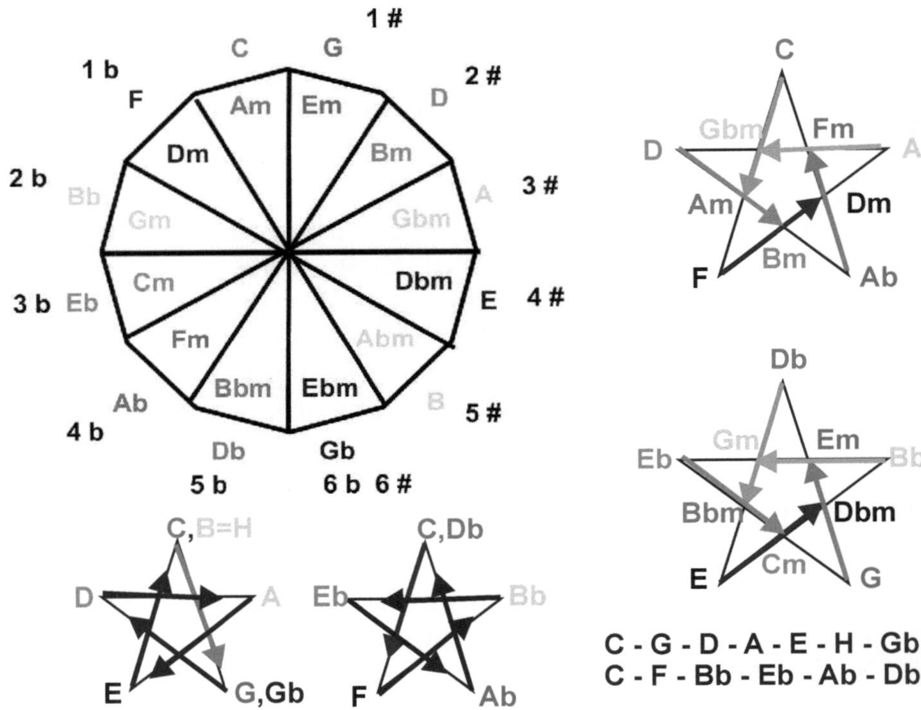



**Die Übertragung der Dur-Akkorde von Kreis in den Pentagramm, in Richtung nach rechts C-G-D-A-E-H-Gb, nach links C-F-Bb-Eb-Ab-Db.**
**Die gleichnamige Moll-Akkorde stehen gegenüber im Pentagramm.**
**Das Ergebnis sind die Moll-Parallelen, die sich befinden drei Punkte (ein Terz) nach links.**

# Leistungsdreiecke: F-Dur,  C-Dur

| | | |
|---|---|---|
| **Tonika** | F-Dur | C-Dur |
| **Moll-parallele** | D-Moll | A-Moll |
| **Subdominante** | **Bb-Dur** | **F-Dur** |
| **Moll-parallele** | G-Moll | D-Moll |
| **Dominante** | C-Dur | G-Dur |

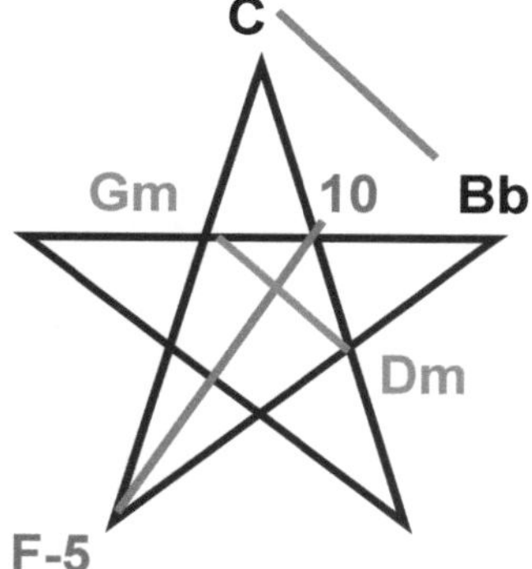


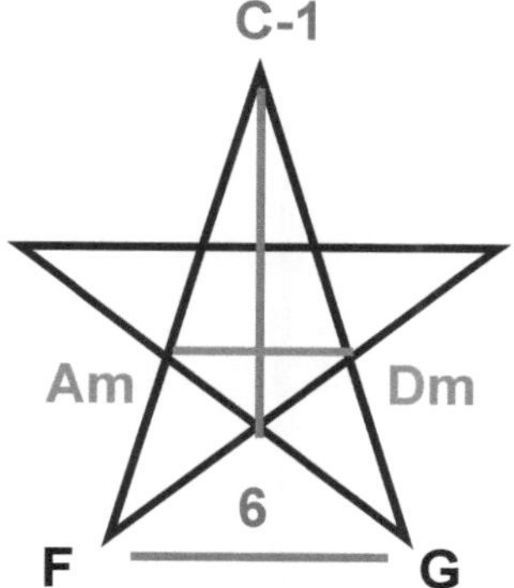


**Platzierung der Akkorde in ein Pentagramm
gibt die Möglichkeit den Zusammenhang
zwischen den harmonisierenden Akkorden
in einer Tonart darzustellen.**

# Vergleich der Tonfrequenz mit der Frequenz der Farben der Chakren  I  bis  VII

| G' | A' | B' | C'' | D'' | E'' | F'' | |
|----|----|----|-----|-----|-----|-----|---|
| 392 | 440 | 494 | 523 | 587 | 659 | 698 | Hz |
| red | orange | yellow | greenn | blue | indigo | violet | |
| 400 | 450 | 500 | 550 | 600 | 650 | 700 | x10 ↑ 12Hz |
| I | II | III | IV | V | VI | VII | |

rot 400 + violett 700 = 1100
orange 450 + indigo 650 = 1100
gelb 500 + blau 600 = 1100
Mittelwert 1100/2 = 550 grün

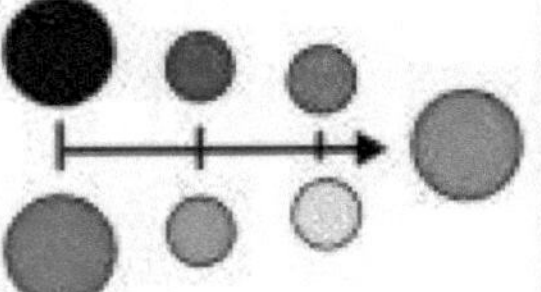

Die Frequenz der Töne ist verglichen mit der Frequenz der Farben. Die erste Chakra I auf der Basis von Körper hinten hat rote Farbe, der entspricht der Ton G. Die Chakra VII auf dem Kopf hat violette Farbe und der Ton ist F. Die Chakra IV in Körpermitte vorne ist grün und der Ton ist C. Grün ist Mittelwert von den oben angegebenen Paaren der Farben.

Auf Grund dieser Kenntnisse wurde in der nächsten Darstellung das Musik Pentagramm auf dem Körper platziert, mit Akkord C-Dur mit grüner Farbe auf dem Herzen vorne.

# Musik-Akkorde auf dem Körper

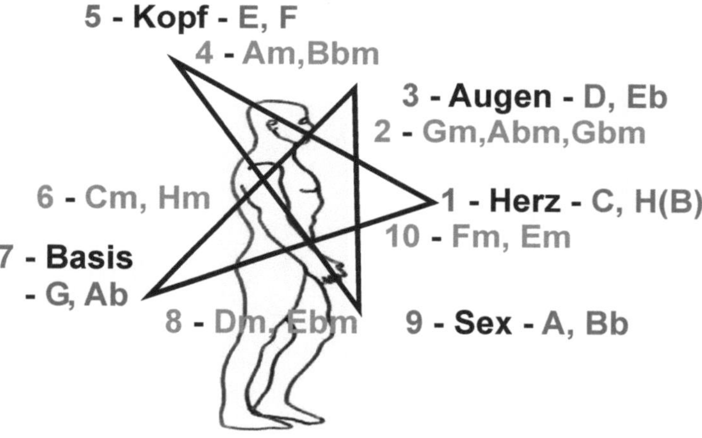



Auf den Spitzen des Pentagramms sind die Dur-Akkorde, in den Tälern des Pentagramms und innerhalb von Körper sind die Moll-Akkorde.

## Lied: C-Dur

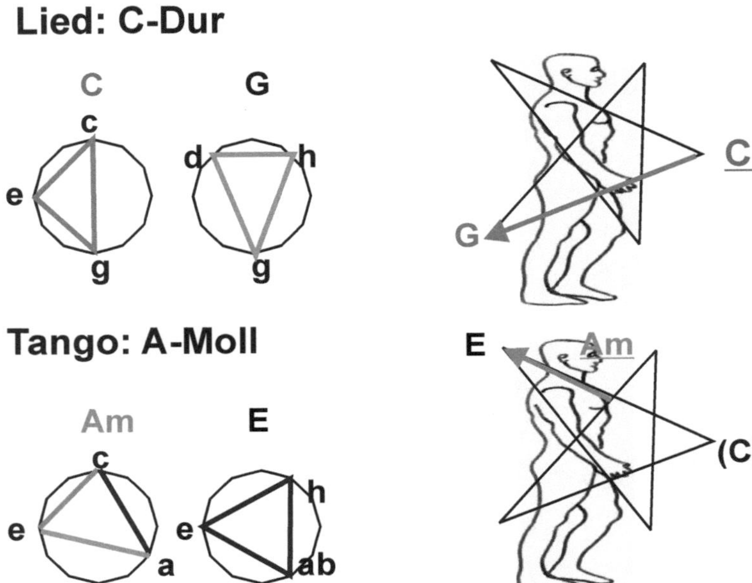


**Mollparallele:  C-Dur ➔ A-Moll**

**Bei Lied in C-Dur ist die Energie Bewegung von Körpermitte vorne zu Körper hinten unten, was unterstützt die Bewegung der Beine.**

**Bei Tango Ole guapa von Malando, ist die Energie Bewegung nur auf dem Kopf. Das unterstützt die Kopf-zu-Kopf Haltung des Tanzpaares bei dem argentinischen Tango.**

# Methode der langfristigen Wetter Vorhersagen

1. Die Erde bewegt sich während des Jahres auf der Ekliptik und während der 24 Stunden um eigene Achse. Der Schnitt von Äquator und Ekliptik bestimmt den Anfang der Teilung des 360° Kreises auf der Ekliptik (° Widder). Heliozentrischer Aspekt der Erde mit einen Planeten aktiviert seine Wirkung. Die geozentrischen Achsen AC- DC (Aufgang und Untergang des Planeten) und MC- IC (Kulmination am Mittag und in Mitternacht) projiziert auf die Weltkarte mit Astro - Carto - Graphy zeigt, wo auf der Erde die Wirkung zustande kommt.

2. Der Wind von Merkur wird bei Viertelmond stürmisch, wenn gleichzeitig durch heliozentrischen Aspekt mit Erde aktiviert ist. Die Richtung der Bewegung der Hurrikane, Taifune und Tsunami ist beeinflusst durch Merkur, wenn seine Linie ist in der nähe und seine Wirkung durch Aspekt mit Erde aktiviert ist. Saturn mit nordströmung bringt kaltes Wetter, Mars Hitze und Trockenheit, Venus feuchtes Wetter, Jupiter Quellwolken, Pluto Regen, Neptun Hochwasser, Uranus Hochdruck.

3. Die Stellungen der Planeten werden für Vollmond und Neumond für die Zeit GMT (Greennwich) berechnet, auch für 6 Tage später, aber mit gleicher Zeit wie bei Voll- oder Neumond. Die heliozentrischen und geozentrischen Stellungen der Planeten und die Astro - Carto - Graphy kann man mit der Software WinStar berechnen. Die Positionen von Neu- und Vollmond sind mit Software von Peterhans (1998) für die Jahre -1400 bis +2200 zu finden.

# Methode der langfristigen Wettervorhersagen

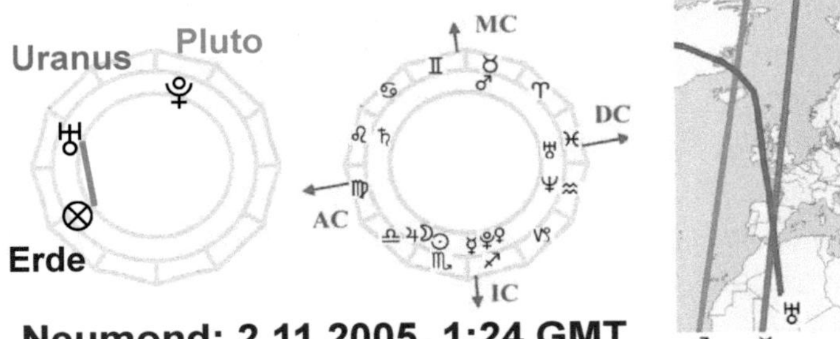


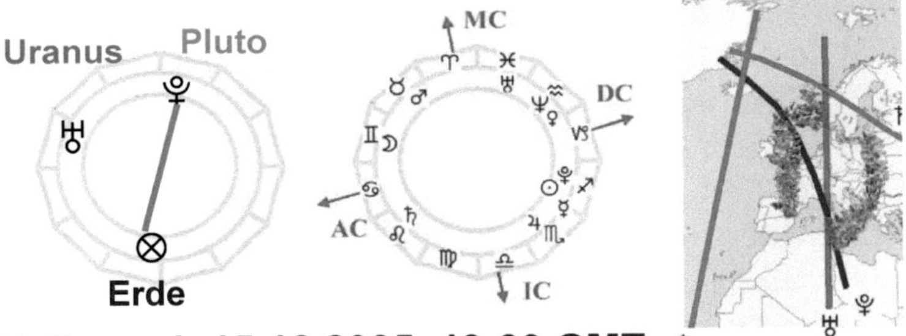


Am 2.11.2005 Pluto war heliozentrisch nicht in Aspekt mit Erde = kein Regen.

Am 15.12.2005 Pluto war heliozentrisch in Opposition zu Erde = Regen, aber durch Uranus getrennt in zwei Teile.

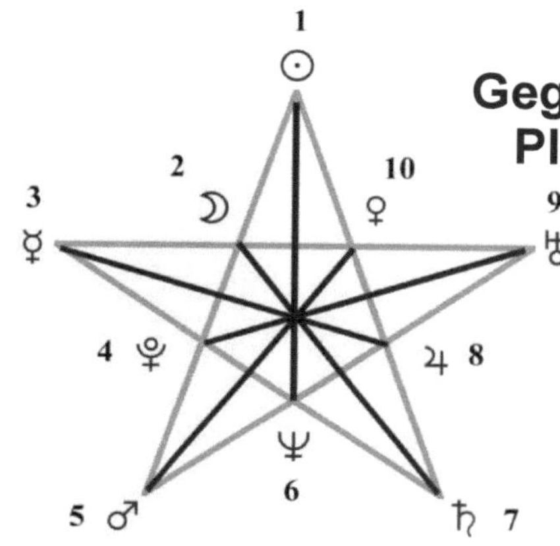


# Gegensätzliche Wirkung der Planeten auf das Wetter

**Ungerade männliche Zahlen:**
**Ausdehnung**
**Gerade weibliche Zahlen:**
**Verbindung**

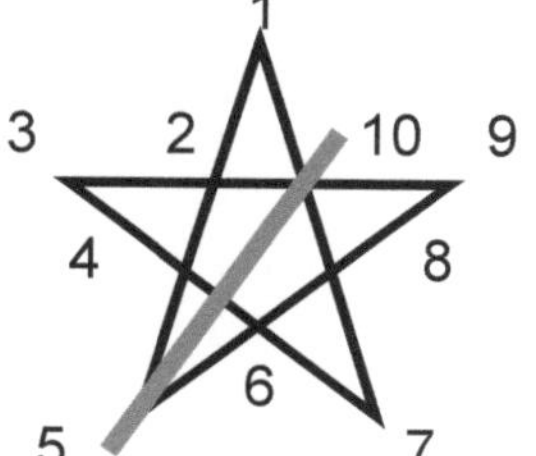


## Dreiecke zu Achse
## 5-Mars - 10-Venus

| | | |
|---|---|---|
| 1-Sonne | - 9-Uranus: | Heiter |
| 2-Mond | - 8-Jupiter: | Bewölkt |
| 3-Merkur | - 7-Saturn: | Strömung |
| 4-Pluto | - 6-Neptun: | Nass |

**1-Sonne** - **Heiter, Warm**
**6-Neptun** - **Nebel, Hochwasser**
**3-Merkur** - **Wind, Sturm**
**8-Jupiter** - **Ruhe, Haufenwolken**
**5-Mars** - **Hitze, Trockenheit**
**0-Venus** - **Feuchte, Vegetation**
**7-Saturn** - **Nordströmung**
**2-Mond** - **Wetteränderung**
**9-Uranus** - **Hochdruck**
**4-Pluto** - **Niederschlag**

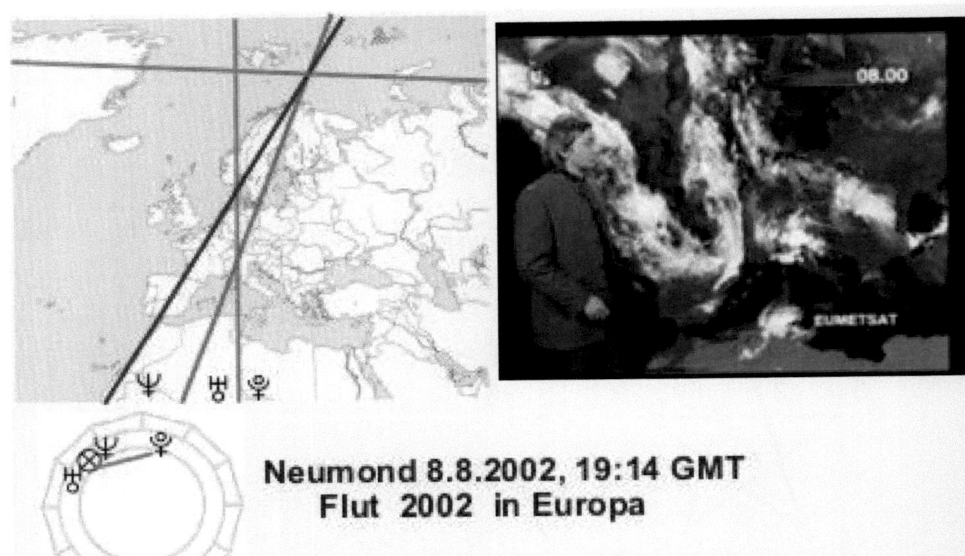


14 Tage andauernder Regen auf einer Stelle fing
am 7.8.2002 an der Kreuzung von Pluto und Uranus
auf 9E/49N (linkes Bild) an. Die Hochdruckfurche
von Uranus hinderte die Bewegung der Regen-
Wolken, die Pluto verursacht hat.

D-70

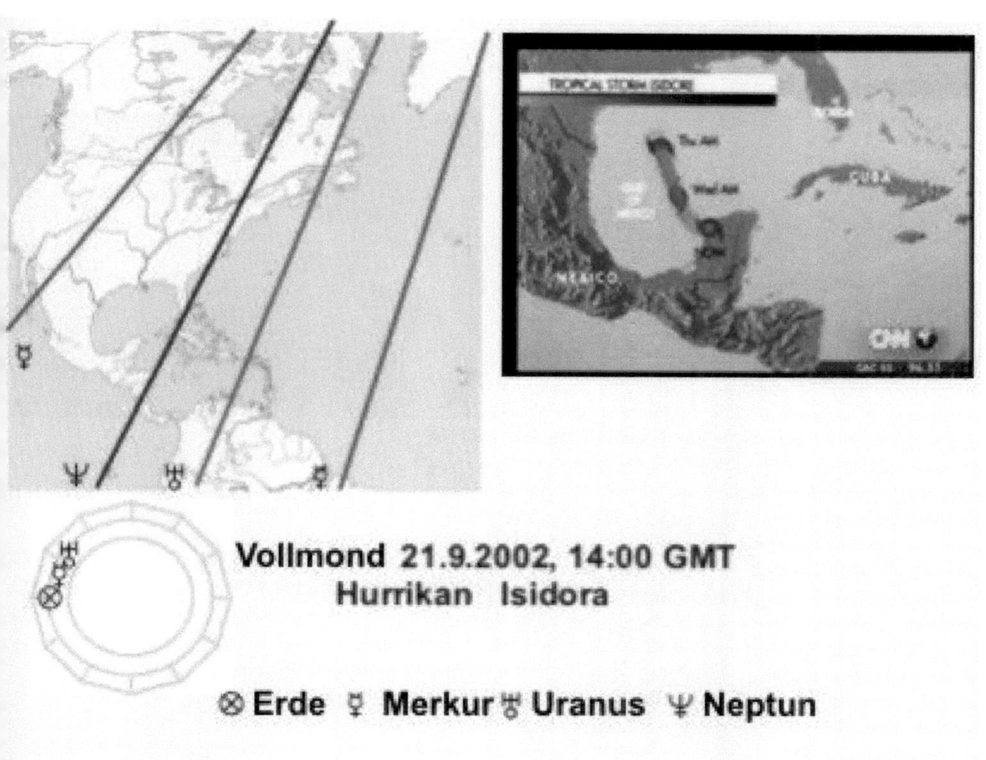


**Vollmond 21.9.2002, 14:00 GMT**
**Hurrikan  Isidora**

⊗ **Erde** ☿ **Merkur** ♅ **Uranus** ♆ **Neptun**

**Bei Vollmond war Merkur heliozentrisch in Konjunktion mit Erde. Merkur von beiden Seiten trieb Hurrikan Isidora nach Westen. Schaden waren  in Mexiko und Louisiana.**

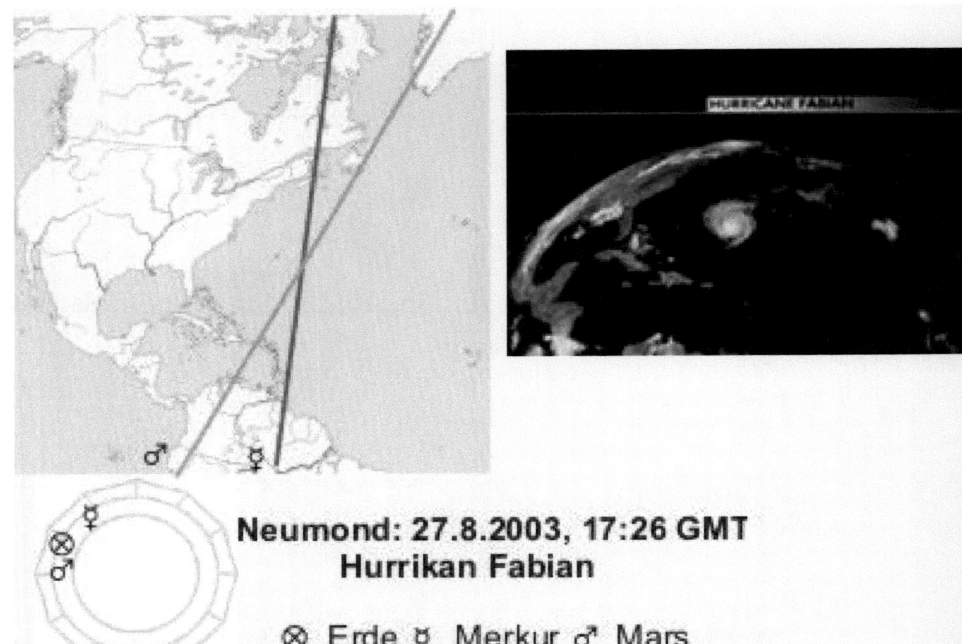


Neumond: 27.8.2003, 17:26 GMT
Hurrikan Fabian

⊗ Erde  ☿ Merkur  ♂ Mars

**Heliozentrisch war nur Mars in Konjunktion mit Erde. Merkur war in keinen Aspekt mit Erde.** Hurrikan Fabian **blieb deswegen bei Bermuden stehen.**

D-72

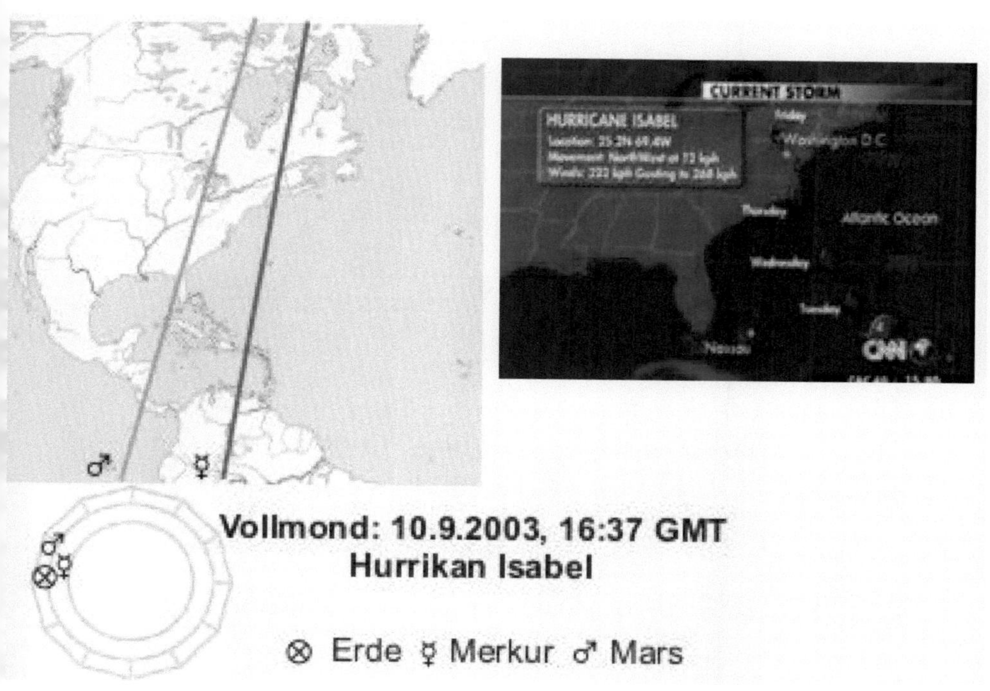


Vollmond: 10.9.2003, 16:37 GMT
Hurrikan Isabel

⊗ Erde  ☿ Merkur  ♂ Mars

**Bei Vollmond waren heliozentrisch Merkur und Mars in Konjunktion mit Erde.** Hurrikan Izabel **verursachte Schaden in Maryland und Virginia.**

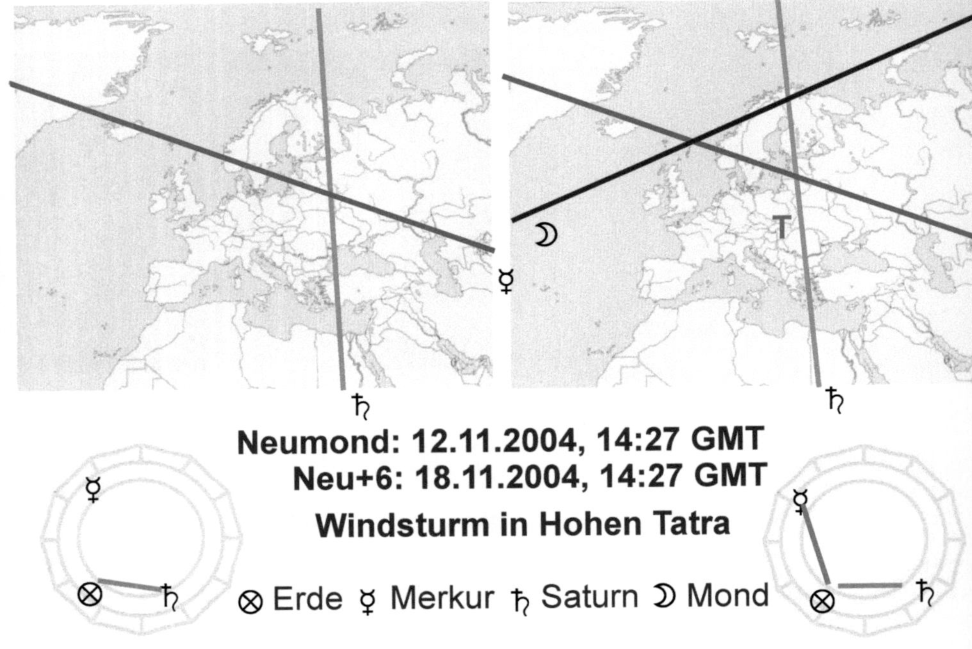



**Neumond: 12.11.2004, 14:27 GMT**
**Neu+6: 18.11.2004, 14:27 GMT**

**Windsturm in Hohen Tatra**

⊗ Erde  ☿ Merkur  ♄ Saturn  ☽ Mond

**Heliozentrisch war Saturn in Aspekt mit Erde und mit seiner Nordströmung verursachte er Schaden in Polen. 6 Tage nach Neumond war Merkur in exakten Quadrat mit Erde und zusammen mit Saturn verwüsteten den Wald in Hohen Tatra (T) in der Slowakei.**

D-74

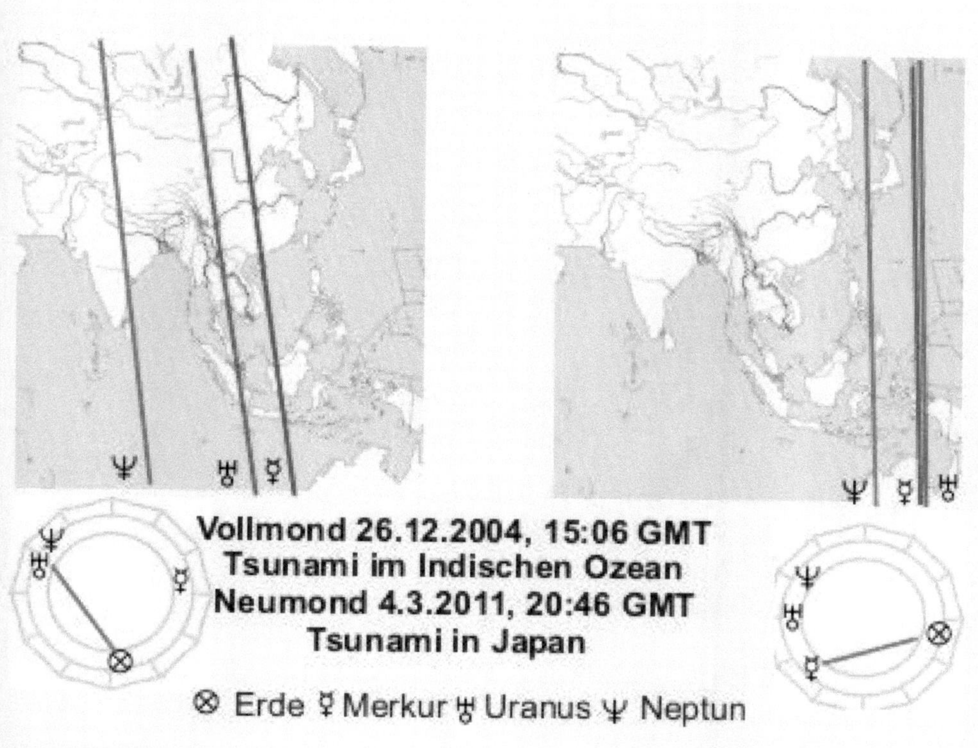


Bei Tsunami im Indischen Ozean war der Uranus nahe der Stelle des Erdbebens. Merkur (Wind) war östlich und Neptun (Wasser) westlich.
Bei Tsunami in Japan waren die Verhältnisse gleich: Merkur (Wind) war östlich, Neptun (Wasser) westlich.

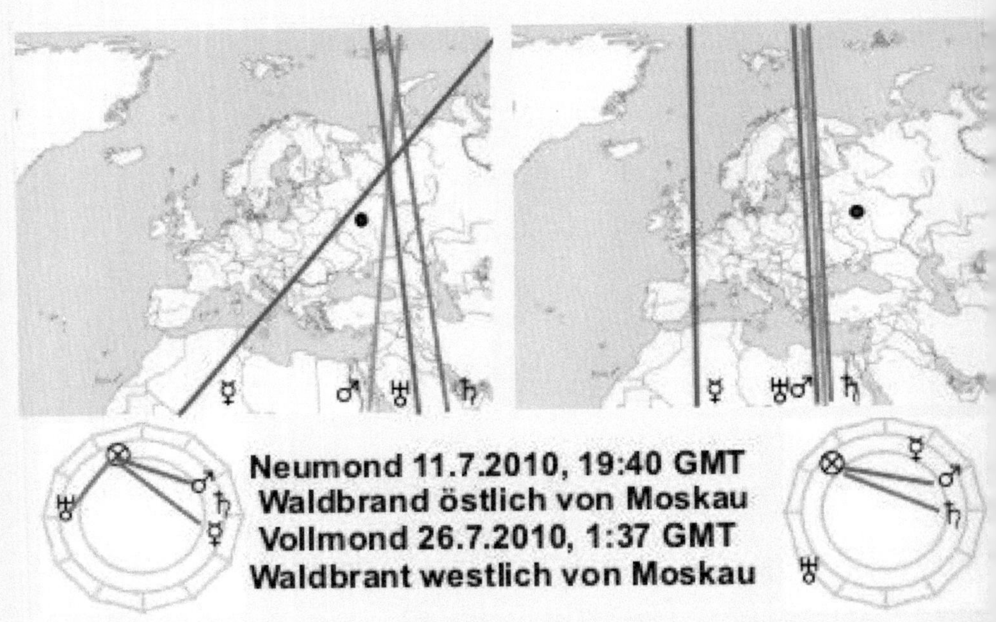


**Bei Neumond waren Mars, Uranus und Merkur in Aspekten mit Erde. In ganz Europa war Hitze, östlich von Moskau, wo Mars war (markiert), sind Waldbrände entstanden.**

**Bei Vollmond war Mars heliozentrisch immer noch in Quadrat mit Erde. Geozentrisch war Mars westlich von Moskau (markiert), wo neue Waldbrände entstanden sind.**

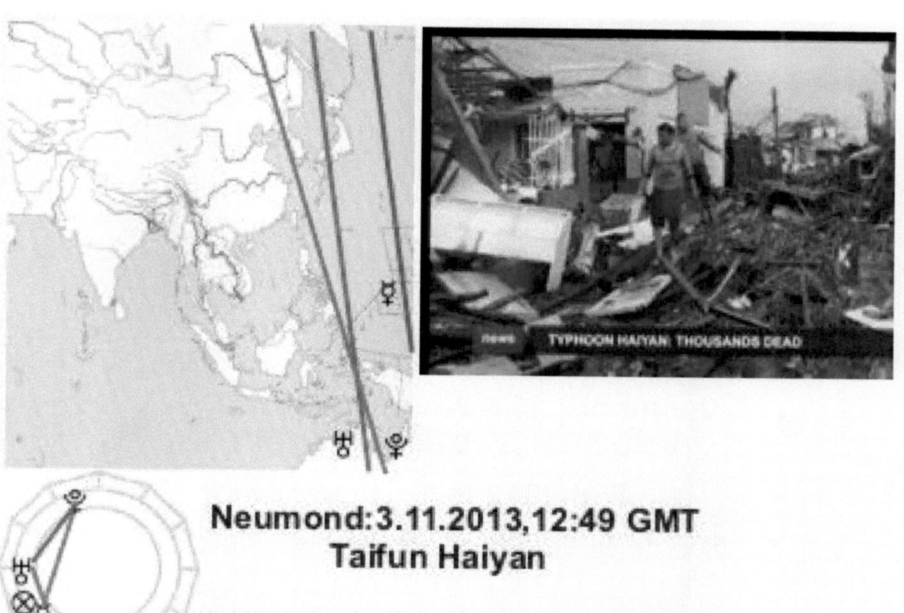


**Neumond:3.11.2013,12:49 GMT**
**Taifun Haiyan**

⊗ Erde ☿ Merkur ♅ Uranus ♇ Pluto

**Bei Taifun in Philippinen waren heliozentrisch Merkur,**
**Uranus und Pluto in genauen Aspekten mit der Erde.**
**Uranus und Pluto kreuzten sich dort, wo sich der Taifun**
**bildete. Wind von Merkur trieb den Taifun nach westen.**

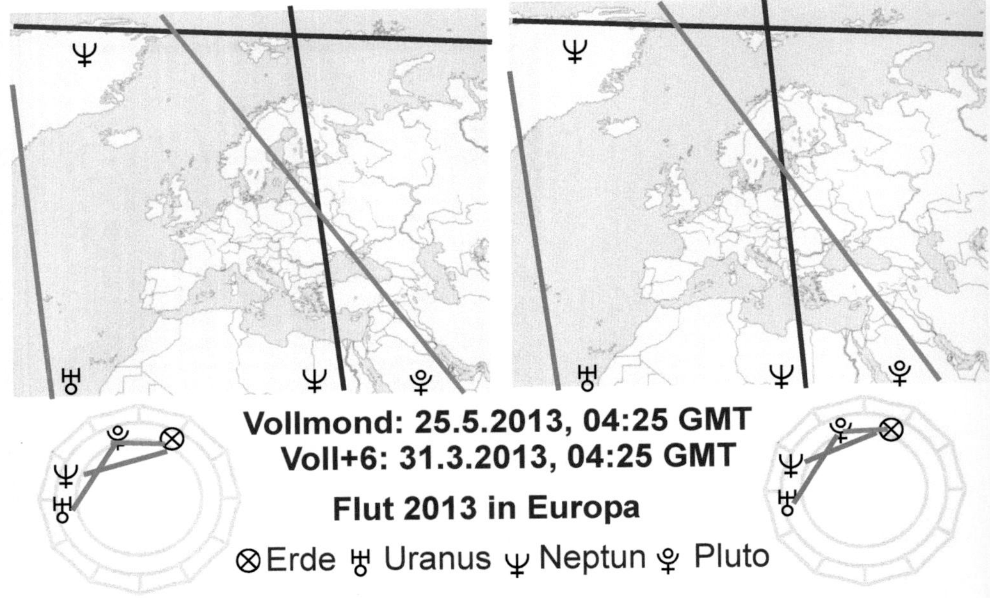


**Neptun und Pluto in Aspekt mit Erde verursachten ab ihrer Kreuzung lange andauernden Regen in den Osten von Deutschland und in Tschechien. Donau und Elbe waren lange überfüllt mit Wasser und bedrohten die Städte**

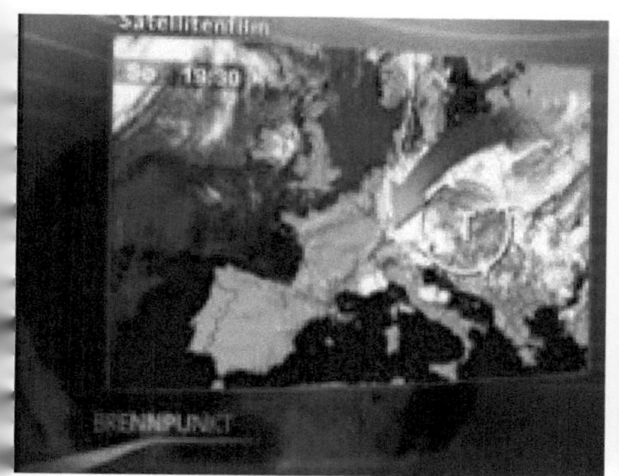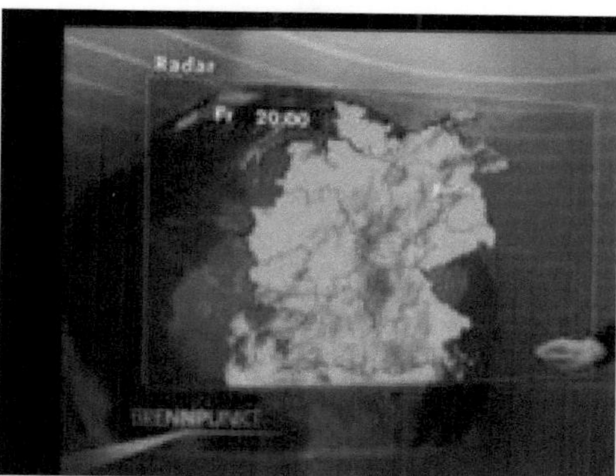

Vollmond 25.5.2013:

Die große Menge von Wasser wurde durch die Kreuzung
von zwei Neptun Linien verursacht. Die senkrechte Linie
von oben nach unten ist die MC-Linie, die waagerechte ist
die AC-Linie.

Auf der Kreuzung mit der DC-Pluto Linie ist es zu heftigen
Regenfall gekommen, zu Zeit, wenn sich die Kreuzung
6 Tage nach dem Vollmond  über Ostsee (Baltikum) befand.
Auf den Satellit Bildern ist es sichtbar.

D-79

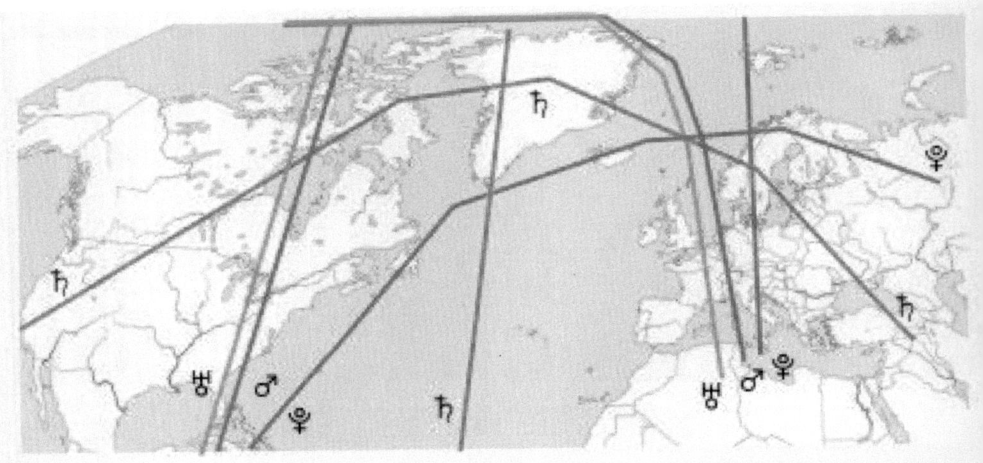



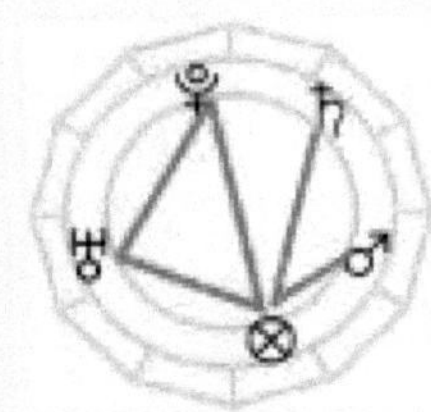

**Neumond 1.1.2014, 23:14 GMT**

**Niagara Falls eingefroren in 2014**

⊗ Erde ♂ Mars ħ Saturn ⛢ Uranus ♀ Pluto

**Nach Neumond am 1.1.2014, 23:14 GMT, war in USA kalt, in Europa warm. In USA wirkten MC-Uranus und IC-Mars mit ihrer Nordströmung zusammen mit kalter Strömung von AC-Saturn aus der Kreuzung mit MC-Saturn über Grönland. In Europa AC-Uranus und DC-Mars waren ohne Nordströmung. Nach 6 Tagen waren die Linien mehr westlich. Am 9. Januar sind die Wasserfälle eingefroren.**

# Perioden der Weltgeschichte

Die Perioden der Weltgeschichte sind mit drei Zahlen gekennzeichnet: 600-,60-,6- jährige Periode. Als Anfang wurde der Übergang von Jagd zu Landwirtschaft mit dem Jahr -4477 genommen. Nach zehn 600- jährigen Perioden kam neuer Anfang auf das Jahr 1523. Zunächst werden die 600- jährige Perioden mit geraden aufbauenden weiblichen Zahlen, dann die 600- jährigen Perioden mit ungeraden aktiven männlichen Zahlen aufgelistet. In den Tabellen am Ende des Buches sind die Entsprechungen Periode / Jahr angegeben.

## Gerade Perioden: Verbindung, Synthese, Aufbau

000 (-4477): Landwirtschaft, Kalender
200 (-3227): Keilschrift, Beobachtung der Sterne
400 (-2077): Berechnungen der Sumerer
600　(-877): Philosophie der Griechen
800　(+323): Das erste ökumenische Konzil
000 (+1523): Reformation, Menschenrechte

## Ungerade Perioden: Expansion, Aktivität, Kampf

100 (-3877): Aufbau der Städte auf Kreta
300 (-2677): Zentrale Macht der Pharaonen in Ägypten
500 (-1477): Eroberungen: Assyrer, Ägypter
700　(-277): Eroberungen: Römer
900　(+923): Eroberungen: Araber, Türken
100 (+2123):　???

**60- jährige Perioden mit Nummer 5 = Abbau, Kampf**

| 250 | -2977 | Ägypten mit Pharao als Führer und Oberhaupt |
| 350 | -2377 | Dynastie von Prinzen gewinnt Macht in Ägypten |
| 450 | -1777 | Nachfolger Krise in Ägypten |
| 550 | -1177 | Stamm Levi übernimmt Führung in Jerusalem |
| 650 | -577 | Patrizier und Plebejer polarisieren in Rom |
| 655 | -547 | Sparta gründete Peloponnesischen Bund |
| 750 | 23 | Jesus von Nazareth aktiv (ab Jahr +30) |
| 755 | 53 | Kaiser Nero (seit 54) setzte in 64 Rom in Brand |
| 850 | 623 | Mohammed eroberte Mekka |
| 855 | 653 | Araber eroberten Syrien, Mesopotamien, Lybien |
| 950 | 1223 | Mongolen vordringen nach Westen |
| 955 | 1253 | Papst Innocenz IV. erlaubte Folterung |
| 050 | 1823 | Selbständigkeit von Mexiko, Peru |

**60- jährige Perioden Nr. 9=Schöpfung, 0=Anfang, 1=Identität**

| 590 | -937 | Besiedeln der griechischen Insel |
| 690 | -337 | Alexander d.Gr. besiegt Persien - König |
| 790 | 263 | Konstantin d.Gr. besiegt Rivalen |
| 890 | 863 | Orthodox (Methodius) nach Mähren |
| 990 | 1463 | Humanismus in Europa |
| 600 | -877 | Assyrer unterwerfen Phöniker |
| 700 | -277 | Expansion von Rom |
| 800 | 323 | 1. Ökumenischer Konzil |
| 900 | 923 | Ottoische Renaissance in Deutschland |
| 000 | 1523 | Reformation der christlichen Kirche |
| 610 | -817 | Anstatt Kriege - 1. Olympische Spiele |
| 710 | -217 | Hannibal überquert mit Elefanten die Alpen |
| 810 | 383 | 2. Ökumenischer Konzil, Christ. Staatsreligion |
| 910 | 983 | Magyaren getauft, Stephan - König von Ungarn |
| 010 | 1583 | Anfang der Gegenreformation (1596) |

# USA:  6- jährige Perioden 1= Identität, 4= Abgrenzung

## *6- jährige Periode Nr.1 = Identität*
041: 1769  Widerstand gegen Kolonialherrschaft
051: 1829  Monroe Doktrin über ganze Amerika 1823
061: 1889  Spanisch-amerikanischer Krieg um Kuba 1895
071: 1949  Truman Doktrin über kalten Krieg Ost-West
081: 2009  Obama macht Politik für eigene Bewohner

## *6- jährige Periode Nr. 4 = Abgrenzung*
044: 1787 Mit Grundgesetz USA angefangen zu existieren
054: 1847 Krieg USA-Mexiko 1845-1848 um California
064: 1907 Republik Panama 1909 mit Hilfe USA gegründet
074: 1967 Vietnam Krieg, Brezhnew Doktrin über Ostblock

# USA: 60- jährige Perioden  7=Wende, 8=Gleichgewicht

## *6- jährige Perioden*
070: 1943  Teilung der Welt auf West- und Ost-Blöcke
071: 1949  Korea Krieg 1950-1953
074: 1967  Vietnam Krieg 1965-1973
075: 1973  Vertrag von Helsinki über Zusammenarbeit
            Umschwung nach 30 Jahren:
076: 1979  Reagan steigerte Rüstungswettkampf, dann
077: 1985  mit Gorbacov entspannten die Politik
078: 1991  Erster Irak Krieg, Ende der Sowjetunion
079: 1999  Intervention in Jugoslawien beendete Krieg

080: 2003  Krieg in Afghanistan und zweiter Krieg in Irak
081: 2009  Umstürze in arabischen Ländern (2011)

# Russland: Aufstieg und Fall von Kommunismus

**Erste 60- jährige Periode entspricht Nr.6 = Aufbau**
**6- jährige Perioden**
060:1883 **0=Anfang**        Industrialisation in Europa
061:1889 **1=Identität**       Marxismus kam nach Russland
062:1895 **2=Realisation**  Sozialdemokrat. Partei (1898)
063:1901 **3=Bedingungen** Bolschewiken getrennt (1903)
064:1907 **4=Abgrenzung**    Zar Nikolaus gründet Duma
065:1913 **5=Abbau** Weltkrieg, in1917 Oktober-Revolution
                Umschwung nach 30 Jahren:
066:1919 **6=Aufbau** Sowjetunion mit Lieder Stalin (1922)
067:1925 **7=Wende** Kollektivisation, Verfolgungen (1927)
068:1931 **8=Gleichgewicht**    Führende Rolle der Partei
069:1937 **9=Schöpfung**   2.Weltkrieg mit neuen Waffen


Von **1567** wenn Ivan IV Schreckliche verfolgte Bojaren, bis
**1927** wenn Stalin verfolgte Kulaken, verstrichen **360 Jahre**


**Zweite 60- jährige Periode Nr.7= Wende**
**6- jährige Perioden**
070:1943 **0=Anfang**        Kriegswende in Stalingrad
071:1949 **1=Identität**       Kommunismus in Osteuropa
072:1955 **2=Realistion**   Chruschtschow: Destalinisation
073:1961 **3=Bedingungen**   Berliner Mauer gebaut
074:1967 **4=Abgrenzung** Besetzung der Tschechoslowakei
075:1973 **5=Abbau**        Diktatur in der Tschechoslowakei
                Umschwung nach 30 Jahren:
076:1979 **6=Aufbau**        Papst startet seine Weltreisen
077:1985 **7=Wende**        Gorbatschow startet neue Politik
078:1991 **8=Gleichgewicht**   Zerfall der Sowjetunion
079:1997 **9=Schöpfung**       Reformen in Osteuropa
080:2003 **0=Anfang**    Osteuropäische Staaten in die EU

# Die Europäische Union

074: 1967 - **0. Anfang**  Gründung der EU
075: 1973 - **1. Identität** Erweiterung: Dänemark,Irland,UK
076: 1979 - **2. Realisation**  Erste Direkte Wahl
                                  in das EU Parlament
077: 1985 - **3. Bedingungen**  Öffnen der Staatsgrenzen
078: 1991 - **4. Abgrenzung** Vereinigung von Deutschland
079: 1997 - **5. Abbau**  Reformen in osteurop. Staaten
                       Umschwung nach 30 Jahren:
080: 2003 - **6. Aufbau**  Osteurop. Staaten  in die EU
081: 2009 - **7. Wende** Ökonomische Krise, neue Regeln
                                   gesucht
082  2015 - **8. Gleichgewicht**  ... zwischen den Staaten ?
083  2021 - **9. Schöpfung:**       Neue Strategien
084  2027 - **0. Anfang:**       Neuer 60- jähriger Zyklus
088  2051 - **4. Abgrenzung:** Neue Grenzenregelung ?

# Gründung der Deutschen Reiche
# in 6- jährigen Perioden  8 = Gleichgewicht

048  1811 -  in 1815  **Das Deutsche Reich**
                       als Bund freier Länder
058  1871 -  **Das Kaiserreich** (Wilhelm I)
                     mit Bismarck als Minister
068  1931 -  Hitler bemüht sich
                    das **"Dritte Reich"** zu gründen
078  1991 -  **Vereinigung** zweier
                    Deutschen Staaten
088  2051 -  in diesem Jahr wird die EU in **4. Abgrenzung**
   - könnte es **"Vereinigte Europ. Staaten"** bedeuten ?

# Reformation der Religionen

**Christen: 1523 (Entwicklung in Richtung
zu Menschenrechten)
von 23 (Verfolgung) bis 1523 = 1500 Jahre = 60 x 25**

**Juden: 1583 (120 Jahre nach Ende von Pogrom,
120 Jahre vor Ende von Ghetto)
von 83 (Diaspora) bis 1583 = 1500 Jahre = 60 x 25**

**Islam: 2123 (Reformation als Ende der Streitigkeiten)
von 623 (Eroberung von Mekka) bis 2123 = 1500**

**Hypothese:**

**Reformation findet in 60 x 25 = 1500 Jahren statt
bei Christen ab Jahr 23 (Verfolgung)
bei Juden ab Jahr 82 (Diaspora)
bei Islam ab Jahr 623 (Eroberung von Mekka)
25 ist die Summe aller ungeraden Zahlen**

$$25 = 1 + 3 + 5 + 7 + 9$$

**Inhalt der Periode 090: 2063 ist 9=Schöpfung. Es
könnte *politische Lösung* "Neuer Regionalismus"
bedeuten. Neuer Regionalismus nach Pott (2005)
ist nur räumlich, nicht durch Staatsregierungen
bestimmt. Es bedeutet freie Bewegung, Ansiedlung,
Beschäftigung.
Inhalt der neuen 600- jährigen Periode 100: 2123
ist Identität. Es könnte *ideologische Lösung* als
Ökumene aller Religionen durch Anerkennung der
Synonyme von Gott bedeuten.**

# Synonyme für Gott als Unterlage für Ökumene aller Religionen

Für jede Religion ist Gott das höchste Prinzip der Existenz. Jede Religion hat eigenen Konzept von Gott, meist ist es ein Synonym. Das erkennen der zehn Synonyme für Gott könnte die Grundlage für die Ökumene aller Religionen werden.

**1. Prinzip** - *Buddhismus, Taoismus* - kennt Gott nicht als Subjekt oder Person, nur als Prinzip

**2. Geist** - *Mysticismus* - kennt Gottes Wesen als Licht, oder Geist  oder Unendlichkeit

**3. Seele** - *Schamanismus* - praktiziert das Aussteigen der Seele aus dem Körper

**4. Person** - *Judentum, Christentum, Islam* - verehren persönlichen Gott der belohnt und straft

**5. Leben** - *Hinduismus* - *Brahma*-Schöpfer, *Vishnu*-Erhalter, *Shiva*-Zerstörer

**6. Wahrheit** - *Jesuiten, Moslems* - kämpfen für Wahrheit, Vorschriften und Dogmen

**7. Liebe** - *Religion der Bergpredigt* - ist individueller Weg zu Gott ohne Dogmen, weil wer liebt, erfüllt alles

**Vergleich des Verhaltens:  Christen / Islam**

**1. *Dreieinigkeit:***

**Koran 4:171 -** Der Messias Jesus war nur ein Gesandter
Gottes und seines Wortes.
**Koran 5:73 -** Ungläubig sind die da sprechen: Allah ist
der Dritte von Dreien

Wenn die Funktionäre des Römischen Reiches zu
Christentum konvertierten, die Kirche haben nach
Vorbild des Römischen Reiches organisiert.
Mit der Dreieinigkeit grenzte sich die Römische Kirche
von anderen Kirchen ab. Auch die östliche Christen
akzeptieren die Dreieinigkeit nicht.

**2. *Behandlung der Frauen:***

**Koran 4:34 -** Die Männer aber stehen über die Frauen,
weil Allah einem Teil einen Vorzug gegeben hat. Die
rechtschaffenen Frauen sind daher Gott demütig und
bewahren das Verborgene für sich, weil auch Allah es
für sich behält.
**Koran 2:228 -** Die Frauen haben die gleichen Rechte,
wie die Männer über sie haben; doch haben die Männer
einen Vorrang vor ihnen; Allah ist allmächtig, weise.

Folglich sind die Frauen geistig gleich gestellt wie Männer,
aber nach außen haben die Männer ein Vorrang. In Islam
sind die Frauen den Männern nach Koran untergeordnet,
in Christentum tun sie es freiwillig. Der Mann ist Kopf
der Familie, weil er die Familie ernährt.

## 3. Christliche und islamische Gesetzgebung

In christlichen Ländern werden die Vergewaltiger der
Frauen bestraft, in Islamischen Ländern werden die
verheiratete Frauen, die vergewaltigt wurden, bestraft.
Die Vergewatiger bleiben unbestraft. So werden die
Frauen gezwungen sich bedeckt anzuziehen.

**Koran 24:2** Weib und Mann, die des Ehebruchs
oder der Hurerei schuldig sind, geißelt sie beide mit
einhundert streichen.
**Koran 24:4** Und diejenigen, die züchtige Frauen
verklagen, jedoch nicht vier Zeugen beibringen
- geißelt sie mit achtzig Streichen und lasset ihre
Aussage niemals gelten.
**Koran 24:31** Und sprich zu den gläubigen Frauen,
dass sie ihre Blicke zu Boden schlagen und ihre
Keuschheit wahren sollen und dass sie ihre Reize
nicht zu Schau tragen sollen, bis auf das, was davon
sichtbar sein muss, und dass sie ihren Tuch sich über
den vom Halsausschnitt nach vorne herunter gehenden
Schlitz des Kleides ziehen und ihre Reize vor niemanden
enthüllen als vor ihrem Gatten, oder ihren Vätern ...

## 4. Töten eines Gläubigen:

**Koran 4:92** Kein Gläubiger darf einen anderen Gläubigen
töten, es geschehe denn aus versehen.
**Koran 4:93** und wer einen Gläubigen vorsätzlich tötet,
dessen Lohn ist die Hölle, worin er bleiben soll.

## Verhältnis von Islam zu Juden und Christen

**Koran 5:82** Du wirst sicherlich finden, dass unter allen Menschen die Juden und die, welche Gottes Bilder zur Seite stellen, die erbitterten Gegner der Gläubiger sind. Und du wirst zweifellos finden, dass die, welche sprechen: "Wir sind Christen", den Gläubigen am freundlichsten gegenüberstehen. Das verhält sich so, weil unter ihnen Gottesgelehrte und Mönche sind und weil sie nicht hochmutig sind.

## Weltanspruch des Islam

**Koran 48:28** Er ist es, der Seinen Gesandten geschickt hat mit der Leitung und mit der Religion der Wahrheit, dass Er sie siegreich macht über jede andere Religion.

## Themen für die Ökumene aller Religionen

1 Alle Menschen sind geistig im Prinzip perfekt
2 Männer und Frauen haben gleiche Rechte
3 Frauen sollen geschützt sein vor den Männern
4 Terror auch Selbstmord sind zu verabscheuen
5 Isoliere, aber bekämpfe nicht die Terror Gruppen
6 Vereinheitlichung der Gesetzgebung auf ganzer Welt
7 Treffen verschiedener Religionsgemeinden
8 Gleichgewicht aller Gruppen in großen Einheiten
9 Kreativer Wettbewerb zwischen jungen Menschen
0 Universelle Ganzheit durch 10 Synonyme für Gott

Diese Nummerierung entspricht der Methode der Schritte: 1.Identität, 2.Realisation, 3.Bedingungen, 4.Abgrenzung, 5.Abbau, 6.Aufbau, 7.Umwelt, 8.Gleichgewicht, 9.Schöpfung, 10.Ganzheit.

# Vorschau der historischen Entwicklung

Vorschau bedeutet nicht Voraussage, was geschieht, nur was wird der Inhalt der nächsten Perioden sein.

Es wurden 600-, 60-, 6- jährigen Perioden definiert. Als Anfang wurde der Übergang von Jagd zu Landwirtschaft mit Jahr -4477 genommen. Nach zehn 600- jährigen Perioden viel der Anfang neuer 600- jährigen Periode auf das Jahr +1523 (0=Anfang). Das ist Periode der Reformation, der  Menschenrechten und Globalisierung. In der nächsten 600- jährigen Periode (1=Identität) ab Jahr 2123 werden verschiedene Gruppen für ihre Identität kämpfen und sie neu definieren.

Die Perioden, die den geraden Zahlen entsprechen, sind weiblich aufbauend. Perioden die den ungeraden Zahlen entsprechen sind männlich aktiv und werden auch mit Kampf realisiert. Auf unsere weibliche Periode 080 wird die männliche Periode 090 folgen, in der globale Lösungen für neuen Regionalismus und die Menschenrechte gefunden werden müssen.

In der gegenwärtigen Periode 080 wird auf vielen Orten der Welt für Unabhängigkeit gekämpft. Das zwingt zum Nachdenken, wie soll man das Problem in der Periode 090, die Schöpfung neuer Strategien bedeutet, lösen. Ein Ansatz ist, die gegenwärtige Grenzen behalten und alle Gruppen an der Regierung beteiligen. Das ist nicht einfach. Zweier Ansatz ist, verschiedenen Gruppen die Freiheit geben, aber ihr Verhältnis zu Ganzheit genau definieren. Neue Modelle muss man entwickeln und zunächst in Gedanken verifizieren.

Existierende Staaten werden ihre Grenzen ohne Kampf nicht ändern. Die unabhängige Einheiten müssen in eine Ganzheit mit neuen Modellen integriert werden. Als Beispiel kann die Europäische Union dienen. Die weiter entwickelte Staaten lösen auch die Integration von übersiedelnden Menschen. Ähnliche Modelle sollen auch für andere Teile der Welt entwickelt werden. Örtliche Autoriten sollen nicht nur Grenzen und Sicherheit hüten, aber auch Bedingungen schaffen, die Leben der Menschen im Staat möglich machen.

**Die Entwicklung in unserer 60- jährigen Periode 8=Gleichgewicht könnte so aussehen:**

08**0** 2003 **0=Anfang**   Kriege in Afghanistan und in Irak
08**1** 2009 **1=Identität** Umstürze in arabischen Ländern

**Vorschau:**
08**2** 2015 **2=Realisation**   Polarisation, Besetzungen
08**3** 2021 **3=Bedingungen**   Aufklärung, Verhandlungen
08**4** 2027 **4=Abgrenzung**    Grenzregelungen
08**5** 2033 **5=Abbau**         Kämpfe, oder Regeneration

Nach 30 Jahren fängt **neue 60- jährige Periode 9=Schöpfung zu wirken**

08**6** 2039 **6=Aufbau**          Neue Perspektiven
08**7** 2045 **7=Wende**           Umbau der Strukturen
08**8** 2051 **8=Gleichgewicht**   Bilanz der Kräfte
08**9** 2057 **9=Schöpfung**       Neue Strategien
**090** 2063 0=Anfang neuer 60- jähriger Periode mit Inhalt
        **9= Schöpfung:** Modelle für neuen Regionalismus ?

# Zusammenfassung

Die zehn ganze Zahlen haben geistigen Inhalt, der den Verlauf aller Geist- und Natur- Prozesse beschreibt. Die Definitionen schließen auch die zehn Synonymen für Gott ein. Von den Synonymen könnte man alles ableiten und sie können auch als Unterlage für das Gesundhalten mit Gedanken dienen. Wenn die Verhältnisse der Zahlen und damit auch ihrer geistiger Inhalte eine geometrische Figur bilden, definieren sie Leistungsdreiecke. Das könnte man an Hand von Beispielen in Psychologie, Chemie und Musik demonstrieren.

Nach Kepler (1571-1630) ist das Weltall gefüllt von Harmonien, aber harmonisch klingen sie nur dann, wenn zwei Töne genauen Winkel geometrischer Figur bilden. Es entspricht auch den Aspekten zwischen den Planeten. Die Wirkung der Planeten wird aktiv, wenn sie in heliozentrischen Aspekt zu Erde stehen. Die geozentrische Achsen AC-DC und MC-IC der Planeten kann man auf die Weltkarte projizieren und feststellen, wo auf der Erde die Wirkung der Planeten zu Stande kommt. So kann man langfristige Wettervorhersagen machen.

Die personale Entwicklung erfolgt in 6- jährigen, die Weltgeschichte in 600-, 60- und 6- jährigen Perioden.

| 600 | 60 | 0 | 1 | 2 | 3 | 4 | 5 | 6 | 7 | 8 | 9 |
|---|---|---|---|---|---|---|---|---|---|---|---|
| 6 | 9 | −337 | −331 | −325 | −319 | −313 | −307 | −301 | −295 | −289 | −283 |
| 7 | 0 | −277 | −271 | −265 | −259 | −253 | −247 | −241 | −235 | −229 | −223 |
|   | 1 | −217 | −211 | −205 | −199 | −193 | −187 | −181 | −175 | −169 | −163 |
|   | 2 | −157 | −151 | −145 | −139 | −133 | −127 | −121 | −115 | −109 | −103 |
|   | 3 | −97 | −91 | −85 | −79 | −73 | −67 | −61 | −55 | −49 | −43 |
|   | 4 | −37 | −31 | −24 | −19 | −13 | −7 | −1 | +5 | +11 | +17 |
|   | 5 | +23 | +29 | +35 | +41 | +47 | +53 | +59 | +65 | +71 | +77 |
|   | 6 | +83 | 89 | 95 | 101 | 107 | 113 | 119 | 125 | 131 | 137 |
|   | 7 | 143 | 149 | 155 | 161 | 167 | 173 | 179 | 185 | 191 | 197 |
|   | 8 | 203 | 209 | 215 | 221 | 227 | 233 | 239 | 245 | 251 | 257 |
|   | 9 | 263 | 269 | 275 | 281 | 287 | 293 | 299 | 305 | 311 | 317 |
| 8 | 0 | 323 | 329 | 335 | 341 | 347 | 353 | 359 | 365 | 371 | 377 |
|   | 1 | 383 | 389 | 395 | 401 | 407 | 413 | 419 | 425 | 431 | 437 |
|   | 2 | 443 | 449 | 455 | 461 | 467 | 473 | 479 | 485 | 491 | 497 |
|   | 3 | 503 | 509 | 515 | 521 | 527 | 533 | 539 | 545 | 551 | 557 |
|   | 4 | 563 | 569 | 575 | 581 | 587 | 593 | 599 | 605 | 611 | 617 |
|   | 5 | 623 | 629 | 635 | 641 | 647 | 653 | 659 | 665 | 671 | 677 |
|   | 6 | 683 | 689 | 695 | 701 | 707 | 713 | 719 | 725 | 731 | 737 |
|   | 7 | 743 | 749 | 755 | 761 | 767 | 773 | 779 | 785 | 791 | 797 |
|   | 8 | 803 | 809 | 815 | 821 | 827 | 833 | 839 | 845 | 851 | 857 |
|   | 9 | 863 | 869 | 875 | 881 | 887 | 893 | 899 | 905 | 911 | 917 |

**Beispiel: Das Jahr 917 entspricht der Periode 899**

| 600 | 60 | 0 | 1 | 2 | 3 | 4 | 5 | 6 | 7 | 8 | 9 |
|---|---|---|---|---|---|---|---|---|---|---|---|
| 9 | 0 | 923 | 929 | 935 | 941 | 947 | 953 | 959 | 965 | 971 | 977 |
|  | 1 | 983 | 989 | 995 | 1001 | 1007 | 1013 | 1019 | 1025 | 1031 | 1037 |
|  | 2 | 1043 | 1049 | 1055 | 1061 | 1067 | 1073 | 1079 | 1085 | 1091 | 1097 |
|  | 3 | 1103 | 1109 | 1115 | 1121 | 1127 | 1133 | 1139 | 1145 | 1151 | 1157 |
|  | 4 | 1163 | 1169 | 1175 | 1181 | 1187 | 1193 | 1199 | 1205 | 1211 | 1217 |
|  | 5 | 1223 | 1229 | 1235 | 1241 | 1247 | 1253 | 1259 | 1265 | 1271 | 1277 |
|  | 6 | 1283 | 1289 | 1295 | 1301 | 1307 | 1313 | 1319 | 1325 | 1331 | 1337 |
|  | 7 | 1343 | 1349 | 1355 | 1361 | 1367 | 1373 | 1379 | 1385 | 1391 | 1397 |
|  | 8 | 1403 | 1409 | 1415 | 1421 | 1427 | 1433 | 1439 | 1445 | 1451 | 1457 |
|  | 9 | 1463 | 1469 | 1475 | 1481 | 1487 | 1493 | 1499 | 1505 | 1511 | 1517 |
| 0 | 0 | 1523 | 1529 | 1535 | 1541 | 1547 | 1553 | 1559 | 1565 | 1571 | 1577 |
|  | 1 | 1583 | 1589 | 1595 | 1601 | 1607 | 1613 | 1619 | 1625 | 1631 | 1637 |
|  | 2 | 1643 | 1649 | 1655 | 1661 | 1667 | 1673 | 1679 | 1685 | 1691 | 1697 |
|  | 3 | 1703 | 1709 | 1715 | 1721 | 1727 | 1733 | 1739 | 1745 | 1751 | 1757 |
|  | 4 | 1763 | 1769 | 1775 | 1781 | 1787 | 1793 | 1799 | 1805 | 1811 | 1817 |
|  | 5 | 1823 | 1829 | 1835 | 1841 | 1847 | 1853 | 1859 | 1865 | 1871 | 1877 |
|  | 6 | 1883 | 1889 | 1895 | 1901 | 1907 | 1913 | 1919 | 1925 | 1931 | 1937 |
|  | 7 | 1943 | 1949 | 1955 | 1961 | 1967 | 1973 | 1979 | 1985 | 1991 | 1997 |
|  | 8 | 2003 | 2009 | 2015 | 2021 | 2027 | 2033 | 2039 | 2045 | 2051 | 2057 |
|  | 9 | 2063 | 2069 | 2075 | 2081 | 2087 | 2093 | 2099 | 2105 | 2111 | 2117 |
| 1 | 0 | 2123 | 2129 | 2135 | 2141 | 2147 | 2153 | 2159 | 2165 | 2171 | 2177 |

Beispiel: Das Jahr 2177 entspricht der Periode 109

## Benutzte Literatur


Assagioli, R. Psychosynthese, Verlag API,
   Adliswil/Zürich, 1988
Chia,M., Li, J. The inner structure of Tai Chi,
   Healing Tao Books, Huntington, N.Y. 1996
Coulson, R.A. Metabolic rate and the flow theory,
   Comp.Biochem.Physiol. 84A, 217-229, 1986
Der Neue Brockhaus, F.A.Brockhaus,
   Wiesbaden, 1978-1980
Goodavage, J.F. Write your own horoscope,
   New American Library, N.Y. 1968
Huber B. & L. Lebensuhr im Horoskop,
   Verlag API, Adliswil / Zürich, 1980
Jung, K.M. Weltgeschichte in einem Griff,
   Safari Verlag,    Berlin, 1979
Koch, W.A. Aspektlehre nach Johannes Kepler,
   Kosmobiologische Gesellschaft, Hamburg, 1952
Lewis, J. Astro-Carto-Graphy,
   F.L.Francisco, San Francisco, CA, 1976
Peterhans, E. Aspector-Plus-Software, Chom, 1998
Pott, H.G. Kurze Geschichte der europäischer Kultur,
   W.Fink Verlag, Paderborn, 2005
Reichl, J. Wissenschaftlicher und esoterischer Weg
   zur Gesundheit, Publiziert von Autor, 2006
Reichl, J. The universe is composed of whole numbers,
   Published by the Author, 2011
Reichl, J. You get everywhere with love, Autobiography,
   Published by the Author, 2011
Yücelen, Y. Was sagt der Koran dazu ?
   Deutscher Taschenbuchverlag, München, 1986
WinStar - Astrology Software, Big Rapids, MI, 1998,2009